DESCRIPTION

COURTE ET ABRÉGÉE

DES SALINES

DU GOUVERNEMENT D'AIGLE.

DESCRIPTION

COURTE ET ABRÉGÉE

DES SALINES

D U

GOUVERNEMENT D'AIGLE;

MISE AU JOUR PAR ORDRE SOUVERAIN

PAR Mr. DE HALLER,

Seigneur de Goumoëns le Jux & d'Eclagnens; pré-
fident de la foc. roy. des fcienc. de Göttingen;
affocié des acad. roy. des fc. de Paris, de Londres,
de Berlin & de plufieurs autres acad. ; membre du
confeil fouv. de la ville & rép. de Berne, & ci-
devant directeur de ces falines.

Traduite en français
par feu Mr. DE LEUZE.

YVERDON,

De l'imprimerie de la Soc. Litt. & Typog.

M. DCC. LXXVI.

DÉDICACE

DE

Mr. DE HALLER

À

LEURS EXCELLENCES

L'AVOYER,

PETIT ET GRAND CONSEIL

DE LA VILLE

ET RÉPUBLIQUE DE BERNE.

SOUVERAINS SEIGNEURS!

LE plus grand défir d'un citoyen, doit être de pouvoir contribuer en quelque chofe à l'avantage de fa patrie. Combien je m'eftimerais heureux, fi les expériences qui font le principal contenu de cet ouvrage, pouvaient être de quelque utilité à *VOS EXCELLENCES!* Combien ferait fatisfaifante l'efpérance d'augmenter les revenus d'un Etat, qui emploie son pouvoir avec tant de zèle pour le bien public, pour l'avancement de la religion, pour le soulagement des pauvres, & pour la délivrance des malheureux qui ont besoin de secours ! Bénis soient tous les conseils qui peuvent avancer la puissance d'une République, dont la prospérité est le bonheur de son peuple, & dont les principes d'État dominans, sont la justice & la douceur !

Je supplie ardemment celui qui donne la sagesse, qu'il suscite des hommes qui puissent employer à l'utilité publique les dons & la sagesse qui leur ont été départis par la grace de DIEU !

DESCRIPTION

DES SALINES

DU GOUVERNEMENT D'AIGLE.

CHAPITRE I.

Des sources en général.

PUISQU'AVANT la fin de l'infpection que j'ai exercée fur les falines de la république, je me trouve avoir encore quelque tems devant moi libre d'autres occupations, je crois ne le pas employer inutilement, fi je trace à l'ufage de la poftérité une courte defcription de ces ouvrages ; defcription qui ne peut que mériter la confiance, puifque tous les objets que je décris font fous mes yeux, que j'ai parcouru à diverfes fois ces contrées pendant les années 1754, 55, 56, 57, 59, 60 & 61, & me fuis procuré la connaiffance exacte des riviè-res, des bois, des montagnes & des autres productions de la nature ou des ouvrages de

A iv

l'art qui ont de la connexion avec les salines, dont l'inspection m'a été conférée en 1758 jusqu'à 1764.

Les salines de la république méritent tout-à-fait d'être décrites, parce qu'elles ont bien des choses qui diffèrent de tout ce qu'on rencontre en d'autres pays. Car d'un côté on ne voit nulle part la structure intérieure d'une montagne anatomisée en quelque sorte plus clairement ; & de l'autre, on n'a entrepris nulle part des ouvrages aussi immenses, pour suppléer à la parcimonie de la nature.

Nous rechercherons donc premièrement le sel dans sa mine ; nous le conduirons ensuite dans les bâtimens de graduation, & de-là dans les chaudières ; & nous ajouterons enfin nos observations sur les bois & le flottage.

Les seules salines que l'on ait actuellement en Suisse, sont situées dans le gouvernement d'Aigle, qui est des anciennes provinces de la république, & dans un district déterminé & circonscrit par la nature même. On m'a montré, il est vrai, du sel fossile rouge semblable à celui de Bavière, qui devait s'être trouvé dans le territoire de la république de Vallay, voisine de cet Etat. Mais comme on ne m'en a pas indiqué la place, & que celui qui doit l'avoir trouvé passe pour avoir un art surnaturel, je ne puis pas regarder ce sel comme étant véritablement du crû de la Suisse. Il doit y avoir dans le comté de Bade une source salée,

mais dont il n’eſt rien venu à ma connaiſſance
ſur quoi l’on puiſſe faire fonds. J’entends dire
tout récemment la même choſe d’un diſtrict
non encore déterminé du canton d’Under-
vald. Du reſte, le payſan ſur-tout dans les
pays de montagnes, eſt généralement pré-
venu de l’idée, qu’il ſe trouve des ſources ſalées ſur preſque toutes les montagnes. C’eſt
pourquoi ayant fait moi-même en 1753 un
voyage par ordre ſouverain à Steinvald au
pied de la montagne de la Fourche dans
l’Emmethal, au ſujet d’une telle ſource, tandis que d’autres perſonnes d’office furent envoyées ſur le mont, au bailliage de Sanen & en
d’autres lieux, il ſe trouva que c’était preſque
pure fraude : car comme l’eau (*ſohle*), pour
l’examen de laquelle, il me fallût aller à la
ſource de l’Emme, avait ſeulement été rendue
ſalée avec de la potaſſe par un payſan fraudu-
leux, ayant retenu cet homme chez moi pendant vingt-quatre heures & fait garder la
ſource, il ne s’y eſt pas trouvé un grain de
ſel.

Il ſe pourrait quelquefois qu’une certaine
ſueur ferrugineuſe jaune, qui n’eſt pas rare,
ou un ſel âcre aſſez ordinaire dans le gouvernement d’Aigle, & qui ſe trouve ſur les rochers & ſur les mouſſes, occaſionne une ſa-
veur ſalée.

Il en eſt tout autrement de la contrée à ſel
dans le gouvernement d’Aigle. Elle eſt ſépa-

rée au Nord par la Grande-Eau , au Sud par l'Avançon : chacune de ces rivières coule dans une profonde vallée. A l'Oueſt , elle s'abaiſſe dans la plaine, qui s'étend depuis le lac de Genève juſqu'à la gorge de montagne à St. Maurice , & qui eſt parcourue par le Rhône.

Ce diſtrict eſt long de deux heures , mais a un peu plus de largeur de l'Oueſt à l'Eſt, & aux iſles d'Ormond , il a juſqu'à quatre lieues, en y comprenant la partie montueuſe. Il contient deux pentes de montagne , dont la plus ſeptentrionale commence par des rochers à la Dent de Chamoſaire, à ſon plus haut ſommet , & s'abaiſſe enfin dans la plaine près d'Aigle en forme de gradins ſous le nom de Chalex. L'autre chaîne qui le borde au midi , deſcend de la chaîne ſeptentrionale des Alpes ſur la ſource de la Gryone, où elle s'appelle Chetillon, & s'abaiſſe dans la vallée près de Bex. Entre ces deux lignes qui terminent la contrée à ſel , eſt un terrain de collines , dont la partie la plus haute & la plus orientale ſert pour les pâturages d'été , dont les pentes baſſes ſont revêtues de bois de ſapin , & qui ſe perd enfin dans la plaine par un vignoble.

Toute cette contrée à ſel eſt déterminée par la nature même. Au Nord , eſt l'exrémité de la chaîne ſeptentrionale , qui eſt de part en part de marbre , partie gris , partie jaune, partie comme à Roche, Jaſpe. Au Sud au contraire il n'y a plus de marbre , & cette haute montagne qui eſt la chaîne ſeptentrionale des Alpes, eſt pour la plus grande partie d'ardoiſe. Mais la montagne d'où ſe tire le ſel, a généralement une couverture de gyps qui ſort en entier de la terre , & qui ſur la hauteur entre les monts de Perche & d'Anſex, forme un diſtrict plein de pyramides blanches & de vallées qui s'entrelacent entr'elles en forme de méandre. Il ſe tire auſſi ça & là au-delà de la vallée d'Ormond, juſqu'au mont Pillon vis-à-vis du Chatelet, de même que près du Bex-vieux au-delà du lit de l'Avançon, & continue à ſe montrer dans les hautes Alpes ; mais c'eſt à Bex & près d'Aigle qu'on le briſe & qu'on le brule. Ce gyps eſt en pluſieurs endroits couvert d'un vernis de ſoufre. Près du Bex-vieux ſur les rochers de Sublin , cet enduit eſt très-commun & conſiſte en partie en gros morceaux de ſoufre vif & tranſparent , ſemblables à des pièces d'ambre. On a auſſi trouvé de l'eau ſoufrée à l'extrémité ſeptentrionale de la contrée à ſel dans les foſſes de Chamoſaire ; & dans la plus grande des mines de ce diſtrict, il ſe trouve, outre une ſource ſoufrée qu'on travaille, parce qu'elle contient du ſel , pluſieurs ſuintemens d'eau ſulfureuſe ſi fort ſaturés de gyps & de ſoufre , qu'ils peuvent à peine couler. On connaît la jolie expérience d'allumer la vapeur de ces ſources ſoufrées ; mais il faut qu'elles aient été long - tems ſans brûler : moyennant quoi on ne fait qu'ôter un bouchon du tuyau par lequel l'eau soufrée coule, & l'on tient la lumière dans la vapeur, qui s'enflamme auſſi-tôt avec une odeur de ſoufre ; mais il faut enſuite encore un certain tems, pour que la vapeur ſoit aſſez fortement ſoufrée pour prendre feu à l'approche de la lampe. C'eſt donc ſans raiſon que des auteurs modernes qui ont décrit des ſources médicinales, veulent nier l'exiſtence du ſoufre dans l'eau.

La principale eſpèce de roc de cette contrée, & qu'on trouve dans toutes les foſſes, aux Fondemens, à Panex & à Chamoſaire, commence à ſe montrer à Verchicz, & vient juſqu'à la ſaline du Bex-vieux. Il s'étend auſſi d'Olon ſur Panex par Plambuis à Chamoſaire & dans la montagne d'Ormond-deſſous & de plus ſous les villages de Finalet les Poſſes, Gryon ſous Arvaye juſqu'à Ormond-deſſus à un quart de lieue au-deſſous de l'Egliſe ; delà il va à la côte qui deſcend du mont Anſex à Ormond - deſſous & juſqu'au mont Pillon vis-à-vis le Chatelet. En un mot ce roc eſt vraiſemblablement le fondement de toute la contrée des ſalines. Il eſt dur & compacte & comme par couches, qui s'enfoncent profondément du côté de la montagne, mais qui ne forment point de cavernes. La principale matière qui le compoſe eſt du grès, mais qui eſt entremélé de beaucoup de paillettes de talc, de pièces de ſpath, & ſouvent auſſi de ſel.

La troisième chofe qui eft commune dans la partie montagneufe de ce diftrict, ce font des enfoncemens en forme d'entonnoirs, des trous plus ou moins profonds, jufqu'à l'étendue d'un ouvrier ou auffi beaucoup plus petits. Comme le gyps fe diffout à l'eau & fe brife de lui même, il fe peut que des fources fouterraines ont entraîné le gyps fous ces entonnoirs. Il y en a beaucoup en Chezières; on en trouve auffi en Jorogne, de même que fur la montagne à fel, & les pyramides blanches d'Anfex fe rencontrent auffi là, où elles font féparées par d'étroits fillons.

Mais la principale prérogative de cette contrée eft le fel. Il faut qu'elle en foit toute pénétrée intérieurement : car lorfque Mr. Samuel Knecht, actuellement facteur de fel à Aigle, y vingt par ordre fouverain, pour rechercher de nouvelles fources, il éprouva prefque tous les ruiffeaux, grands & petits, & trouva dans tous, même dans le Rhone, des traces plus ou moins confidérables de fel. Ainfi, comme à Strasbourg, à Stockholm, à Londres, & prefque dans tous les endroits où l'on a fait avec exactitude l'analyfe de l'eau de fource, il s'y eft auffi montré de la falure, il parait que ce fel a, prefque comme le fer, toute la terre pour matrice, quoique fans doute quelques contrées en foient plus richement pourvues que d'autres.

CHAPITRE II.

La source de Bex-vieux.

Dans les mines salines que je décris, on a trouvé jusques ici trois places où le sel est répandu dans le roc & diſſous par l'eau avec plus d'abondance.

La première, qui est encore actuellement la plus conſidérable, est dans une montagne ſituée auprès du torrent de la Gryonne au-deſſous du village d'Arvaye à l'extrémité d'une vallée, & qui est compoſée de rochers & de prés eſcarpés. On l'appelle *les fondemens*. La ſource qui découle de cette montagne doit avoir été connue déja dans le quinzième ſiècle. On a marqué dans les archives du château d'Aigle, qu'on a cuit alors du ſel de deſſous Arvaye, & qu'un paſteur de Gryon fut noyé dans la rivière de ce nom en allant voir ces ſalines. Mais on ne ſait que très peu de choſe des entrepriſes de ces tems-là.

Dans les ſiècles ſuivans, cette ſource fut poſſédée par l'ancienne & noble famille Thormann ; & en 1684 elle paſſa de ſes mains en celles de la république.

Mais les travaux inexprimables qu'on a entrepris depuis long-tems dans cette montagne, ont beaucoup changé l'écoulement de la fource falée. Elle fortait alors au haut de la montagne au côté feptentrional de la Gryonne ; & autant qu'on peut le recueillir de toutes les informations que fourniffent d'anciennes perfonnes des Ruchets, entre les mains des quels la fource a été pendant long-tems, elle était plus abondante en eau & plus foible de falure qu'à préfent, fa force n'allant pas au-delà de trois à quatre pour cent.

Sans entretenir le lecteur de toutes les galleries particulières qu'on a pouffées en différents tems dans cette montagne, c'eft ici le lieu de lui faire connaître la ftructure de cette montagne à fel, qui a été manifeftée fucceffivement par quantité de boyaux différents.

L'écorce extérieure de la montagne fous la terre végétale eft de gyps, qui paraît auffi çà & là à découvert.

La principale efpèce de pierre qui forme le corps de la montagne, eft de ce grès fort dur, que nous avons déja décrit, qu'on appelle pour abréger, *le roc gris*. Il retient fortement l'eau falée, qui ne peut le pénétrer ; mais il eft parfemé lui-même affez abondamment de brillants de fel qui n'ont point de figure particulière & qui fe diffipent à l'air. En plufieurs endroits, & fur-tout près du noyau de la montagne, il contient du fpath. Au-dedans de cette maffe de pierre, la montagne a un noyau d'une toute autre nature, de pierre limoneuse, bleue, dure & feuilletée, que j'ai aussi rencontrée en forme plus molle & que j'ai vu se durcir à l'air. Mais ce limon de consistance pierreuse est percé de trous, de fentes, de crevasses sans nombre, de sorte que l'eau peut aisément le traverser en s'y filtrant: aussi l'eau salée suinte-t-elle au travers, du haut de la montagne en bas. On n'y trouve jamais du sel; mais ce même limon se retrouve à Chamosaire, & la source de Panex en sort aussi.

On ne connaît pas entièrement la forme du noyau, parce qu'on ne l'a découvert qu'en deux endroits. Son côté Nord-Ouest est connu, & forme un arc dont la convexité regarde l'Ouest. On connait peu du côté du Sud.

On a lieu de conjecturer que ce noyau a à-peu-près la forme d'un cône renversé, large par le haut & se perdant à une profondeur immense, où il se termine en pointe : conjecture qui est incontestablement confirmée par l'expérience. On a nommé ce noyau, pour abréger, *le Cylindre*. Son diamètre est d'environ 150 pieds à l'endroit où il est le plus large.

Cette structure de la montagne a eu des suites particulières pour le changement de richesse de la source ; & c'est un fait qui n'a, que je sache, point d'exemple.

La source s'abaisse successivement de plus en plus, du moins tant qu'elle demeure dans le limon bleu, qui est plein de trous & ne la retient pas. L'ancienne ouverture tarit, & la source sort plus bas, du noyau de la montagne. Ces changemens ont engagé ci-devant celui qui dirigeait alors les travaux, à faire pousser à mesure que la source baissait, des boyaux plus bas jusques dans le noyau. Aussitôt qu'on y était parvenu & qu'on y avait fait une ouverture, l'eau jaillissait avec force & en quantité, comme d'un tonneau qu'on aurait percé plus bas, & beaucoup plus forte en salure.

En Décembre 1761, il sortit du noyau cinq sources de différente force ; mais c'est autre chose, & l'on ne compte toutes ces sources que pour une seule.

Le noyau a donc cela de commun avec un tonneau, que chaque fois qu'on l'a percé plus bas, la source salée a été poussée dehors avec plus d'abondance.

On en conçoit aisément la raison : en faisant une ouverture plus basse, non seulement on donnait jour à l'eau de la source accoutumée ; mais on donnait encore une issue à celle qui était, à ce qu'il parait, dès les commencemens des tems, en depôt dans les crevasses du limon, au-dessous des ouvertures précédentes. Il est arrivé de cette façon, qu'en creusant beaucoup, il a coulé pendant quelque-tems une quantité triple d'eau falée , & qu'en 1739 on fit trente fix mille quintaux de fel ; quantité qui s'eft beaucoup diminuée depuis. Enfin l'eau falée était plus forte , parce que le fel quoique bien diffous dans l'eau, defcend cependant vers le fond à caufe de fa plus grande pefanteur fpécifique, comme nous le ferons voir plus amplement ailleurs. En 1747 l'eau coulait du noyau forte de vingt-trois pour cent.

Cette augmentation de l'écoulement prouve que le noyau eft enfermé par en bas , & environné de pierre dure. Sans cela on n'aurait rien gagné à percer le noyau plus bas, puifque l'eau aurait eu une iffue beaucoup plus profonde , & ne fe ferait pas ramaffée en haut.

Ce qui a fait connaître que ce noyau s'étrécit par le bas , c'eft que d'entre les boyaux qu'on a pouffés depuis un puits perpendiculaire jufqu'au noyau , les inférieurs font les plus longs : d'où il fuit qu'il s'y trouve plus étroit. Il y a entre le boyau fait en 1742 & celui de 1747 , une différence de longueur de quarante pieds ; & par conféquent le noyau y eft plus étroit d'autant. Mais il n'eft pas encor prouvé qu'il ne s'élargiffe pas d'un autre côté.

On a percé le noyau fi fouvent, & toujours à une plus grande profondeur, que fa fource en fort depuis les derniers travaux de 1730, trois cent quatre - vingt fix pieds plus bas qu'elle ne faifait en 1684. Car en 1684, on le perça à cinquante pieds de france plus bas ; en 1694, de vingt-fix pieds & demi ; en 1709, de cent vingt-cinq & fix pouces ; en 1723, de trente-un pieds ; en 1730, de treize pieds ; en 1735, de vingt pieds ; en 1737, de vingt-cinq pieds fix pouces ; en 1741 ; de vingt-quatre ; en 1742, encore de vingt-cinq pieds ; en 1745, de rechef de vingt-cinq, & en 1747, d'autant.

Mais on y reconnaît les divers procédés de la nature par la production des fources.

La fource falée qui filtre continuellement du haut en bas dans le limon pierreux, eft inconteftablement une eau commune, qui s'imprègne de fel foffile diffous, & non pas une fource originairement falée qui depoferait quelque partie de fon fel dans les interftices du roc. Car le fel foffile eft originairement fans forme déterminée ; & par contre les petites fources falées du creux du Bouillet, nous apprennent qu'une eau falée qui ferait un dépôt dans la montagne, formerait des cryftaux cubiques. Or on ne trouve des cubes que dans le peu d'eau qui fuinte au bas de la montagne, & point du tout ailleurs dans la pierre dure.

Mais nous avons encore d'autres preuves qui fortifient celles-là. La principale partie de l'eau qui forme cette fource, eft inconteftablement une eau fouterraine & primitive éloignée. Du moins la quantité de l'eau eſt preſque invariable, & ce n'eſt qu'après la fonte de la neige qu'on y apperçoit une augmentation au commencement de l'été. Mais cette augmentation ne ſe montrant que quatorze jours plus tard que la chaleur & la fonte des neiges, il s'en ſuit que la vraye ſource eſt éloignée, & que le chemin par lequel elle paſſe eſt fort étroit, puiſqu'elle employe quelques ſemaines à parvenir dans le limon bleu.

Un accident, tel par exemple que le tremblement de terre du premier Nov. 1755, qui troubla généralement toutes les ſources en Suiſſe, peut fournir une preuve complette, que l'eau douce devient ſalée en diſolvant le ſel foſſile répandu dans une montagne.

Il y a au-deſſus de notre montagne à ſel & au-deſſus de ſon noyau, mais un peu de côté & vers l'Oueſt, une petite folace marécageuſe, dans laquelle ſe perd une petite ſource qui ſort un peu plus haut. J'ai rencontré ſucceſſivement beaucoup en-deſſus près d'Huemoz, une rangée de ſources toutes ſemblables, mais qui ſe perdent toutes dans le gazon & dans la montagne Gypſeuſe, quoiqu'elles contiennent toutes enſemble une quantité paſſable d'eau, comme je l'ai meſuré moi-même en Juin 1760, puiſqu'alors huit ſources enſemble rendirent tous les quarts d'heure cent vingt-quatre ſeilles, ou 3720 livres de 18 onces. Cependant les plus conſidérables de ces fources font la plus baffe, dont on a fait l'ufage qu'on va montrer,& une autre qui fort dans le pré d'un certain Victor Crofet. Celle-là donnait alors plus de quarante deux feilles, & celle-ci plus de cinquante cinq. Elles laiffent fur l'herbe un dépôt fpatheux.

Or l'eau de la fource inférieure coule dans la montagne en de-là du petit marais, plus au Sud du côté de la Gryonne. On peut y conduire l'eau au moyen d'une fimple rigole. Quand on le fait & que cette fource eft un peu abondante, il arrive au bout de cinq ou fix jours, un changement à la grande fource qui fort au-dedans de la montagne & dont nous avons parlé jufqu'ici : elle eft alors plus abondante en eau & plus faible de falure. La différence va quelquefois jufqu'au quadruple en eau ; mais la fource falée ne fe trouve jamais trois fois plus faible en falure : deforte qu'il y a à cela de l'avantage, & que la quantité totale du fel en eft augmentée. J'ai calculé que cette augmentation eft allée à 260 quintaux en un mois ; & en 1757, Mr. de Roveréa calcula cet avantage de 621 quintaux en trois mois.

Il fuit manifeftement de-là, qu'entre le petit marais & l'iffue inférieure de la fource, il doit y avoir dans la montagne, du fel foffile, qui étant diffous par cette eau étrangère qu'on y a conduite, augmente la quantité totale du fel, quoique la fource fe trouvant contenir alors quatre cinquièmes d'eau douce , en foit fpécifiquement plus faible.

Cette augmentation diminue au bout d'un mois , & j'ai auffi fait détourner l'eau alors. Dans les dernières années , cette augmentation de richeffe s'eft auffi trouvée moindre ; foit que l'eau ait trouvé une autre iffue , ou que les particules de fel qui rendaient la fource plus riche , fe foient épuifées ; foit auffi parce que peut-être de la boue aura obftrué les conduits naturels par lefquels cette eau parvenait au noyau.

Cette même expérience prouve auffi clairement, que l'eau extérieure peut pénétrer dans l'intérieur d'une montagne & traverfer une grande étendue , (puifque dans cet exemple , l'eau extérieure pénètre jufqu'à quatre cent trente pieds perpendiculaires), & combien peu l'on peut conclure de ce que l'eau de pluie ne paraît mouiller qu'à une petite profondeur ; ce qui arrive dans la terre de jardin ou de champs qui a au-deffous d'elle de la glaife & de l'argille , & qui évapore aifément l'humidité qu'elle a reçue : tandis qu'au contraire dans d'autres lieux & fur-tout dans les lieux pleins de rocs , l'eau extérieure fe fraye le paffage par les couches des rocs.

On connaît dans notre montagne à fel la direction de ces couches. Elles vont en s'abaiffant doucement au Nord-Eft en deçà du cylindre & plus à l'Eft au-delà.

(23)

Mais revenons aux changemens que l'art a faits dans cette montagne.

On avait pour but de pouvoir aisément retrouver la source à mesure qu'elle s'enfoncerait plus bas, ou de pouvoir parvenir par une route abrégée au noyau de la montagne. Mais au lieu qu'on aurait dû pour cela pousser une galerie depuis le dehors de la montagne au noyau, Mr. de Beuft, gentil-homme d'Eisenach, qui depuis 1730 jusqu'à 1740, a en partie séjourné à Berne & en partie donné ses avis depuis l'Allemagne, conseilla de creuser à peu de distance du noyau un fossé perpendiculaire, depuis lequel on pût arriver au noyau par une courte gallerie.

On fit ce fossé, & on l'appella le *fossé de la Providence*. Sa partie inférieure fut faite pour servir de puits, dans lequel la source se dégorge & en est ensuite enlevée par un rouage. Il a soixante trois pieds bernois de profondeur, & est de treize pieds plus profond que l'issue actuelle de la source. La roue a sa chambre exprès, & un canal conduit depuis le dehors de la montagne sur cette roue, un filet d'eau à la profondeur de trois cent soixante huit pieds.

Ces magnifiques ouvrages sont tous taillés dans le roc; & il y a très-peu de chose dans cette montagne qui soit construit en bois.

La partie supérieure de ce puits sert pour les rampes, par lesquelles on descend dans les boyaux les plus bas pouſſés juſques au noyau. De ces boyaux, les inférieurs ſont toujours les plus longs : ce qui prouve que le noyau s'étrécit par le bas, du moins du côté ſeptentrional.

Mais on a encore d'autres ouvrages conſidérables à voir dans cette montagne.

On a voulu pouvoir garder l'eau en réſerve en cas d'accidens, ſoit que les tuyaux vinſſent à manquer, qu'il y eût quelque réparation à faire aux bâtimens, ou qu'il ſurvînt quelque autre empêchement. Il ſort auſſi dans la montagne une ſource faible, qui ſent le ſoufre, & qui en hiver ne pourrait réſiſter au froid. On a donc penſé de creuſer dans la montagne & dans le roc gris deux réſervoirs, dans l'un deſquels on peut mettre en réſerve la principale ſource, & dans l'autre la ſource ſoufrée.

On n'a pas pu y obſerver une figure régulière, parce qu'il a fallu s'en tenir au roc dur. Il ſortait auſſi au-dedans des réſervoirs, une ſource d'eau douce ; mais on a enfin ſurmonté tous les obſtacles. Le plus grand des réſervoirs peut contenir cinquante mille pieds cubes, & le plus petit quinze mille.

Au lieu des rampes, cette mine a un eſcalier de quatre cent cinquante degrés, qui eſt taillé dans le roc. Il perce de part en part toute la montagne, y compris une grande galerie : enſorte qu'on peut entrer par en bas, & ſortir par en haut près de l'ancienne ſource.

Il ſerait trop long & de peu d'utilité de faire le détail des galeries ſans nombre, dont on a miné par-tout cette montagne. Une galerie principale, longue & droite, va du côté occidental à la chambre de la roue, & conduit au grand eſcalier, aux réſervoirs & à toutes les ſources. Cette galerie paſſe par deſſous le lit du torrent de la Gryonne, dont le roc gris la garantit. Cependant il pénètre ſouvent un peu de l'eau du courant, à une place, dans les boyaux d'en haut.

Une autre galerie conſidérable traverſe le noyau de la montagne, & a été pouſſée au-delà au Sud-Eſt. On a appris par ſon moyen à connaître le noyau, & l'on a vu qu'il eſt enfermé du côté oppoſé par la pierre griſe, qui retient ſi fortement l'eau, que le cul-de-ſac de cette galerie qui y aboutit, eſt entièrement ſec ; agrément rare dans les ſouterrains.

Dans cette galerie & au côté Sud-Eſt du cylindre, il ſortit en 1747 & 1750, de la liſière de la pierre griſe de petits écoulemens d'eau ſalée, qui étaient en partie d'une grande force & tenaient juſqu'à douze pour cent de ſel ; mais il tarirent au bout de quelque-tems.

Il ne reſte plus rien à préſent à conſidérer dans cette montagne, que les différentes ſources.

La principale dont j'ai décrit l'abaiſſement, ſort du noyau de la montagne, cinquante pieds plus bas que le foffé de la providence, & eft conduite hors de la montagne par des tuyaux. Elle a fouffert foit pour la contenance foit pour la quantité de l'eau, de grands changemens dont nous allons dire un mot.

Chaque fois qu'on a fait une ouverture plus baffe au noyau, la quantité de l'eau, de même que fa contenance, s'eft trouvée plus confidérable, comme nous l'avons déja dit. Au bout de quelques mois ou d'une année, la fource a de rechef diminué quant à la quantité de l'eau ; mais la falure n'eft prefque fujette à aucune variation. Pendant les fix ans ci-deffus qu'elle a été fous mon infpection, elle a tenu prefque conftamment fix feilles & huit pots par quart d'heure : ce qui fait (la feille contenant dix pots, & le pot trois livres de dix-huit onces) environ deux cent livres d'eau. Il n'y a de variation qu'après l'introduction de l'eau douce ou la fonte de la neige.

Elle contient en fel, onze & demi pour cent & au-dela, & par conféquent une neuvième partie, d'après l'analyfe par le feu, dont cependant je montrerai ailleurs l'inexactitude.

Elle reçoit un petit accroiffement de diverfes petites fources difperfées dans la montagne.

Au côté Sud-Eft du cylindre on a creufé

un petit puits , qui en eſt éloigné d'environ cinq cent pieds , & qui contient quelque peu d'eau ſalée. Cette eau paraît à l'eſſai plus forte que celle de la grande ſource. Le 18 Mai 1759 elle a tenu onze & cinq huitièmes pour cent , tandis que la grande ſource ne tenait pas au-delà de dix.

Une autre ſource plus groſſe & preſqu'égale à la plus conſidérable , eſt celle qu'on appelle la ſource ſoufrée, qui ſort à l'Oueſt le long du grand boyau d'entrée , mais du côté du Sud, & ſe mèle avec une ſource d'eau douce. Elle donne trente-trois pots d'eau quand elle eſt pure , & cinquante-huit quand elle eſt mèlée avec l'eau douce ; mais elle ne contient , ſelon l'eſſai , que demi pour cent de ſel lorſqu'elle eſt mèléc , & un pour cent quand elle eſt pure.

Cette eau ſent le ſoufre & elle eſt un peu graſſe ; mais lorſqu'elle a été purifiée convenablement , elle donne du bon ſel & qui ne diffère en rien du meilleur. Comme elle eſt faible , elle gèle dans le froid ; mais la glace de cette eau ſalée eſt auſſi toujours ſalée , quoique faiblement : de ſorte que la concentration du ſel par le froid, ſelon la méthode de Stahl , cauſerait ici trop de perte.

Avant cette ſource, cette mine a été ſujette à des vapeurs inflammables ; & il vit encore une couple d'anciens mineurs qui ont été brûlés par cette vapeur , qui prit feu à la lumière de le lampe. L'odeur de soufre est aussi très-forte dans le boyau d'entrée. Le même malheur est encore arrivé en 1758 dans le nouveau boyau de Chamosaire, & a endommagé quelques travailleurs.

Voilà ce qui me paraît le plus nécessaire à savoir sur cette mine. Je vais dire un mot de ce qu'on a pensé pour en augmenter le produit.

On a proposé à diverses fois de boucher l'issue inférieure de la source, & de tamponner si bien le boyau avec un double fond de bois & beaucoup d'argile, que la source fût repoussée, & contrainte de remonter & de se répandre dans le noyau de la montagne, pour y recevoir l'eau salée qui se trouverait vraisemblablement en quantité stagnante dans ses creux & s'en enrichir, & dans lequel retenue par la force du roc gris, elle y attendrait qu'on lui donnât une issue qu'on éléverait en réitérant successivement les tamponnements, pour ne donner l'écoulement à la source qu'environ cinquante pieds plus haut.

Nous ne voulons pas envisager ce tamponnement comme impossible, quoiqu'il soit bien difficile à effectuer, & qu'un effort qu'on en a fait ne lui soit pas favorable. Mais nous doutons absolument de l'utilité de ce travail. Car cette eau est dès le commencement des choses, dans le noyau & en arrêt dans ses crevasses. Il n'y a point de sel fos-

file dont elle puiſſe d'avantage s'imprégner ;
puiſque le noyau de la montagne n'en contient point dans ſes fentes. Mais je ne vois
pas pourquoi cette eau aurait dû y reſter ar-
rêtée, puiſqu'elle a eu une route toute ouverte
pour s'écouler par en bas ; car le même chemin par lequel la ſource devrait en rétrogra-
dant entrainer l'eau ſalée, qu'on ſuppoſe actuellement ſtagnante , pouvait lui ſervir pour
s'écouler.

Monſieur de Rivaz Vallaiſan habile &
d'une vivacité peu commune , qui prouve
évidemment combien peu le génie eſt dépen-
dant du climat & du pays, a propoſé un avis
bien calculé, ſage, mais difficile. Il conſeille
de tamponner du côté du cylindre, le boyau
qui eſt pouſſé au-dela du cylindre au Sud-
Eſt, ce qui lui paraît facile. De cette manière on ferait de ce boyau un réſervoir
fortement fermé, puiſqu'il eſt tout dans le roc :
il voudrait enſuite faire avec la tarière un trou
d'environ cinq cent trente pieds de profondeur , depuis la ſurface extérieure de la montagne juſques dans ce réſervoir, & faire couler de l'eau dans la montagne par ce trou.
Comme c'eſt dans ce réſervoir qu'était l'iſſue
de la petite ſource tarie dont nous avons
parlé , Mr. de Rivaz eſpère que l'eau ſerait contrainte par la preſſion , de remonter par les mêmes fentes du roc, ſelon
la loi d'un tuyau à deux branches ; qu'ainſi

elle rétrograderait, se répandrait dans toute la montagne, & se chargerait du sel qui reste encore dans la pierre grise, & retomberait enfin dans la principale source.

Cependant pour abréger, il n'est pas encore constant qu'une fente de roc imperceptible puisse être absolument regardée comme la seconde branche d'un tuyau. Je n'ai jamais vu cette façon de faire remonter l'eau. Je doute aussi si le poids qui presserait sur le boyau bouché, quelque considérable qu'il fût, surmonterait la résistance qui devrait résulter de la force attractive d'une eau si fort répandue dans tant de feuilles du roc. Enfin, les méchaniciens doutent de la possibilité de percer dans le roc un trou de cinq cent trente pieds de profondeur.

On a proposé encore plusieurs autres idées; mais tous ces projets reposent sur l'opinion, que la source est en elle-même plus riche, & que ce n'est que par quelque accident qu'elle est tombée dans la médiocrité où elle est actuellement. Or cette opinion est erronée selon toute apparence. Autrefois on ne faisait pas régulièrement l'essai de l'eau, & l'on n'en a décrit ni la contenance, ni la quantité. Cependant les plus anciens de ceux qui servent aux salines, se souviennent d'avoir oui dire aux ouvriers qui vivaient avant eux, qu'en 1684 la source contenait trois ou quatre pour cent, & que la quantité de l'eau était de vingt à vingt - quatre feilles. Si cela eft, la fource eft encore pour la plus grande partie dans fa force naturelle ; car fix feilles à onze & demi pour cent , rendent autant que vingt feilles à trois & demi.

Quand de plus je confidère , que depuis le commencement du monde jufqu'à préfent, les fources chaudes font demeurées invariablement chaudes, les four es falées, & les acidules vineufes, & qu'on n'a obfervé ni dans la quantité , ni dans la force des fources que nous connaiffons le mieux , aucun changement durable , je fuis porté à penfer que toutes ces eaux reçoivent le fel ou la faveur vineufe dont elles font imprégnées, dans quelque grand réfervoir fouterrain & immenfe qui leur eft propre , & qui diminue fi peu en plufieurs fiècles , que la perte eft infenfible. Je crois par conféquent que tous les travaux des hommes , quelques grands qu'ils foient, n'opèrent que très-peu de chofe.

C'eft ce que prouve bien la fource dont il s'agit ici. Elle a été plus qu'aucune fource au monde, attaquée par des travaux innombrables. On l'a contrainte de quitter fon ancienne place ; on l'a enfoncée à dix fois : mais après que le peu d'eau falée contenue entre deux abaiffemens s'était écoulé, elle eft toujours retombée dans fon état précédent, & elle eft à préfent prefqu'invariable.

La raifon de mon opinion eft aifée à voir.

La source est ce qu'elle est avant que de venir dans le noyau limoneux, puisque dans ce noyau il n'y a point de sel. Ainsi le sel, dont se charge l'eau douce qui pénètre dans la montagne, est plus haut que le noyau, qui doit se terminer au-dessous du marais dont il a été souvent parlé. Par conséquent tous les travaux qu'on a entrepris au-dessous de ce marais, ne peuvent point avoir grand effet, puisqu'ils ne touchent pas le terrain qui est au-dessus du noyau, & dans lequel le sel est contenu.

On a cependant gagné par ces travaux, l'eau salée qui était stagnante dans le cylindre, dont la longueur monte à trois cent quatre-vingt six pieds, & la largeur à cent cinquante, ce qui fait un vase considérable : en perçant ainsi plus profond, on a gagné plusieurs mille quintaux de sel dont on n'aurait jamais profité sans cela. Et la République qui pense d'une manière plus relevée que la plupart des Princes, ne regarde pas comme perdu ce qu'on a dépensé par les ouvrages & les travaux multipliés à ce sujet. Si l'on a fait par là cent mille quintaux de plus, (& ce calcul est bas,) on a ainsi répandu dans le pays au moins trois cent mille écus, qui autrement se feraient perdus dans les coffres des fermiers généraux de France, ou dans les bureaux d'autres princes.

Il nous reste à parler d'un tout autre con-

seil

feil de Mr. de Beuſt, qui a eu de grandes ſui-
tes. Cet homme là avait alors, (il y a de cela
trente ans,) une théorie qui revient à ceci;
qu'il y a ſous la croute de la terre & plus bas
que les rivières une mère de ſel; que toutes
les ſources ſalées n'en ſont que des veines ou
des évaporations, & qu'on parvient à cette
mère de ſel ſi l'on enfonce un trou qui de-
ſcende au-deſſous des rivières.

Je n'ai jamais pu trouver le fondement de
cette idée: elle ſe réfute ſi aiſément, que je
ne ſaurais concevoir comment elle a pu naître.

La Hollande eſt baſſe, & pour peu que l'on
creuſe, on ſe trouve plus bas que les rivières,
qui en pluſieurs endroits ſont plus hautes que
le terrein: mais quand on y creuſe des puits,
on ne trouve qu'un mélange de diverſes ma-
tières, de coquillages, de limon, & ſur-tout
de ſable, mais jamais du ſel.

Près de Newcaſtle on a pouſſé les mines
de charbon de pierre juſque deſſous la mer;
& les plus grands vaiſſeaux de guerre peuvent
voguer au - deſſus de leurs voutes: mais on
ne tire à cette profondeur que du charbon &
non pas du ſel; & l'on n'a trouvé nulle part,
même ſur le fond de la mer, aucun veſtige
de ſel.

Cependant Mr. de Beuſt, qui d'ailleurs a
rendu de vrais ſervices à nos ſalines, parvint
à faire goûter ſa conjecture. Il conſeilla de
creuſer à une demi-lieue de la montagne qui

a été décrite ci-deſſus. On fit un trou de la profondeur de ſix cent treize pieds & de quelque choſe plus bas que le lit du Rhône qui coule dans la vallée. Le ſérieux de la choſe ne peut preſque nous empêcher de rire. On entendit au fond le bruit d'une ſource voiſine, qu'on était ſur le point de découvrir. Les gens d'office, dont l'un était un homme intelligent & conſidéré, y deſcendirent pleins de joie pour voir l'éruption de la ſource : elle parut & ſe trouva douce.

On n'a aſſûrément jamais fait faire une expérience de phyſique plus chère que celle-là ; & elle l'emporte ſur la déſtruction des pierres précieuſes par le miroir ardent à Florence.

Cependant ce creux ne fut pas abſolument ſans trace de ſel. On trouva à une grande profondeur trois petits filets, qui coulent encore en partie & contiennent juſqu'à vingt-deux pour cent ; mais la quantité d'eau était peu conſidérable. On trouva auſſi dans ſon voiſinage & dans une courte galerie, du ſpath & du ſel en cubes avec une bulle d'air mobile dans l'intérieur. Mais cela a fait connaître qu'on ne trouve point de ſel primitif en Bouillet, & que celui qu'on y rencontre n'eſt que le dépôt d'une ſource qui s'eſt imprégnée de ſel beaucoup plus haut. Car le ſel foſſile n'eſt jamais en cubes, mais bien celui qui ſe forme par une évaporation lente de l'eau ſalée. Seulement les cryſtaux de ce ſel cryſta-

lifé en cubes par la nature, font d'une grof-
feur peu commune, & quelques-uns ont un
pouce en quarré.

Les vaines efpérances qu'on avait fondées
fur la profondeur, furent enfuite totalement
détruites par un nouveau puits qu'on fit en
Ercoïfai, & qu'on pouffa de même plus bas
que le Rhône : il ne s'y trouva pas le moindre fel.

On s'en eft donc tenu à l'effai, & le creux
du Bouillet rend encore à préfent un peu
d'eau falée forte. On a encore abandonné un
autre boyau, qui a le nom du directeur de ce
tems-là, de Grafenried. Il devait s'avancer depuis la mine des Fondemens jufque dans le
creux du Bouillet ; mais on l'a abandonné, &
il eft vraifemblable qu'il y aurait eu de la difficulté à conduire l'air jufqu'au puits du Bouillet. Enfin il doit auffi fortir à la droite, ou au
Nord de laGryonne au pied de la grande montagne à fel un filet d'eau falée ; mais dont je
ne puis pas donner de plus ample information,
vû fon inacceffibilité.

On a donné encore un autre confeil diffé-
rent des précédens. On a penfé que le diftrict
où l'on peut s'attendre à trouver du fel, eft
affez exactement déterminé : qu'on pourrait donc appliquer la tarrière en différens endroits de ce diftrict, & fi l'on rencon-
trait de la pierre riche, le traiter à la manière
de Bayière & de Salzbourg, & faire couler de

l'eau douce dedans. Mr. l'Ingénieur de Roveréa estimait sur - tout le quartier de dessous
Arvaye, comme celui d'où la source paraît
venir par les couches du roc.

Je ne regarde pas cet avis comme étant à
rejetter, d'autant qu'il me paraît utile pour
connoître le mieux que possible la nature de
la contrée des salines. Il me paraît seulement,
que comme il ne sort de cette vallée assez considérable, dans une longueur de deux lieues
sur une largeur d'une demi-heure, & même
d'une heure entière, qu'une très-petite source
d'eau salée parmi des fontaines d'eau douce
sans nombre, il s'ensuit qu'il ne se rencontre
point de pierre riche dans cette montagne à
sel, & qu'il n'y a rien qu'un sel fossile délié &
disséminé chichement parmi la pierre.

CHAPITRE III.

La source de Panex.

On regarde communément cette source comme plus ancienne, par où l'on n'entend autre chose, sinon qu'elle est entreprise & exploitée depuis plus long-tems. Elle a été pendant plus de cent cinquante ans entre les mains de Fermiers étrangers, & principalement de la famille de Zobel qui demeurait à Augsbourg, laquelle a joüi de cette source comme d'un fief de la République. Sur la fin du dernier Siècle, l'Etat l'a retirée à soi, & elle est depuis lors travaillée par un facteur, qui demeurait ci-devant à Panex & à présent à Aigle, sous l'inspection du Directeur de Roche.

Elle est située dans la pente septentrionale de la montagne, qui s'abbaisse depuis Chamosaire dans la plaine, & l'avenue en est dans un bois de Hêtre. Tout est ici plein de sources douces.

Cette montagne est fort tardive, lente & humide, en grande partie de pur granit, en partie aussi d'un grais gris : on y trouve aussi de la pierre cornée, bleue, comme dans la grande montagne à sel. La couverture de la montagne est de tuf. Les galeries sont plus simples : il y en a principalement une infé-

rieure qui conduit dans la montagne , & une
supérieure qui est réunie à la précédente par
un escalier , & a un assez long boyau de traverse.

Au-dessous de cet escalier sortirent en Décembre 1762 trois sources , mais toutes faibles. La première , A était de quatre - vingt
seize ; la seconde , B de neuf ; & la troisième,
C de quatre livres par quart d'heure. Je
les trouvai à peu de livres près dans le même
état le 30 Décembre : ainsi elles peuvent être
regardées comme des sources foncières ou
permanantes.

Dans la galerie supérieure il y avait en
Août 1762 une source de quatre-vingt quatre livres par quart d'heure , & en Décembre elle contenait un peu moins : dans le
boyau transversal , il y avait autrefois diverses sources ; mais elles ont tari. J'en ai encore vu couler une en 1754.

La source la plus considérable manqua totalement en Août 1762. Elle s'était perdue
successivement en plusieurs années , & no-
tamment depuis le premier Novembre 1755,
qu'elle était venue trouble & sabloneuse.
Mais elle se retrouva dans la galerie inférieure à la fin de Septembre 1762 , & en Décembre elle était déja forte de trois cent
quatre-vingt-un pots ; mais elle s'est consi-
dérablement accrue depuis ce tems-là. Il faut
qu'elle ait rongé la montagne qui est pleine

 de crevaſſes , & ſe ſoit enfoncée ſucceſſivement juſqu'à ce qu'elle s'eſt mêlée avec de
l'eau douce dans la galerie inférieure , & s'eſt
retrouvée par ce moyen.

Cette ſource eſt une eau journalière, (ou
qui vient de la ſurface, Tagwaſſer,) elle eſt
extraordinairement variable : elle croît extraordinairement en tems de pluïe & à la
fonte de la neige, & diminue beaucoup par
le beau tems & par le froid. Elle eſt montée
de trois cent livres à vingt-un mille & au-
delà. Elle diminue alors en ſalure, mais non
pas au point que le produit total, n'en ſoit
de quelque choſe plus grand que quand elle
eſt petite. Elle tient à l'analyſe de un à deux
pour cent ; mais elle eſt mêlée avec une quantité extraordinaire d'une boue brune, qui ſe
durcit dans les tuyaux de conduite, & qui
reçoit un aſſez beau poli.

Toute la montagne eſt pleine intérieurement de veines d'eau douce. Mais ce qui paraît le plus remarquable, c'eſt le fond ſur
lequel la ſource coule à préſent: il eſt tout
pavé de grandes pièces de roc couchées les
unes ſur les autres, mais interrompues par
pluſieurs crevaſſes, à peu près comme la ca-
verne de Baumanhöla, & d'autres, comme auſſi
le Bloxberg, & comme ici dans le gouvernement d'Aigle, le quartier appellé les Troués
au-deſſus de Leizin: les pièces de roc ſont
entaſſées confuſément, comme ſi la montagne

fût tombée en ruine , ou eût été détruite par un tremblement de terre.

Cette dangereuse situation engagea la République , après la vision oculaire que j'en fis en 1762 , & après un conseil d'office , à faire pousser au travers de la pierre grise, un boyau qui doit couper la source & la garantir de cette dangereuse montagne brisée.

Du reste, tous nos livres sont remplis des changemens que ces sources ont soufferts , & l'on trouve dans la montagne même divers ouvrages anciens, commencés dans des vues qu'on ignore.

Dans le même but, qu'à la montagne du Fondement , on a creusé beaucoup plus bas dans la pierre grise, un grand réservoir pour la source , qui est pour la plus grande partie quarré , & contient cent six mille pieds cubes, ayant deux cent quarante-cinq pieds de long, cent soixante-quatre de large , & plus de sept pieds de haut. On y met en réserve la source en hiver , parce qu'autrement elle gèlerait à cause de sa faiblesse , & on l'y peut garder quelques mois.

On n'a trouvé nulle part à Panex du sel fossile , excepté quelque peu dans ce réservoir , & tout récemment du sel assez riche & remarquable dans le nouveau boyau, auquel on travaille encore pour couper la source.

CHAPITRE IV.

La source de deſſous Chamoſaire.

On donne le nom de Chamoſaire au ſommet d'une croupe de montagne, qui forme le bord méridional du lit de la grande eau, & qui eſt tournée au Nord. Au bas & deſſous la maſſe de roc dont elle eſt revêtue, il s'eſt rencontré à une demi-lieue à l'Eſt de Panex, une ſource qui je crois a été appellée Fontaine Salaye, comme ce nom ſe trouve tracé déja de 1744, dans le grand plan du gouvernement d'Aigle, qui eſt ſorti de la main infatigable de l'ancien Mr. de Rovcréa, Ingénieur pour les Salines de la République, & qui eſt gardé dans les Archives de là guerre. Au reſte je ne m'engagerai dans aucune diſcuſſion à ce ſujet, ſur-tout à examiner ſi la Fontaine Salaye eſt, comme d'autres le penſent, quelqu'autre ſource que la notre.

Dans un pré penchant plein de ſources douces & un peu marécageux, entre des bois dangereux & eſcarpés, coulait à la ſurface de la ſource, que Mr. Knecht, ci-devant facteur à Sulze dans le Virtemberg & membre du conſeil ducal, & depuis 1753, facteur à Aigle, diſſiple du docte Henckel, analyſa en

même-tems qu'un grand nombre d'autres
eaux. Il y trouva du fel de Mifon & en an-
nonça la découverte. En 1754, je fus envoyé là par la république pour chercher quelque traces d'eau falée. Je m'étais flatté que
comme j'avais découvert une fource falée près
de Göttingen, entre Harfte & Barenfen par
le Salting-greff (*) qui croiffait dans des prés
de ces endroits-là, je pourrais auffi diftin-
guer par quelques unes des plantes qui croif-
fent dans les eaux falées, celles des fources
qui chariaient du fel commun. Mais mon
efpérance fut vaine : je ne trouvai en nul endroit, non plus que fous Chamofaire, un
feul veftige d'herbe faline ; comme auffi au-
lieu que près des bâtimens de graduation en
Allemagne, on trouve fi abondamment la
Salicornia, le Tripolium, la Glaux & autres plantes falines, la rofée falée de notre
bâtiment de graduation ne produit rien de
femblable, & ne le doit pas non plus ; car le
fel commun peut bien à la verité nourrir certaines plantes par préférence, mais il ne faurait les former. Et néanmoins il n'eft pas toujours fûr de conclure des verités les plus certaines de théorie, car pourquoi donc le Triglochin croit-il bien à Harfte, tandis qu'il n'y
a rien de femblable dans aucun pré d'alentour ? Il faut recourir à ceci, que l'air y répand

(*) *Triglochin Sexloculare.*

les femences des plantes falines depuis Sal-
beck ou Saltz-des-Helden. Le gouvernement
d'Aigle par contre, eft trop éloigné de toutes les fontaines falées, & ne peut-être peuplé de plantes qui habitent auprès de ces
fontaines.

Je ne trouvai donc rien par ce moyen dont
j'avais trop préfumé ; mais on me montra la
fource dont il s'agit ici qui formait un marais, & fortait d'une tranchée qu'on avait commencé de pouffer : elle n'avait point de goût ;
mais quand on la travaillait fur le feu, elle prenait un goût falé, & il reftait après l'évaporation un vrai fel de cuifine ; mais pas en
plus grande quantité que d'un fur huit
cent.

Quelque petite que fût cette trace de falure, elle donnait cependant quelque efpérance. Je penfai d'abord que cette eau était
compofée de plufieurs veines, jufqu'au nombre de treize, que l'eau extérieure d'une contrée marécageufe y était mêlée, & que fi l'on
pouffait la galerie dans le roc, l'eau extérieure
fe féparerait & l'eau falée fe montrerait feule.
Comme le fel était en Suiffe il n'y a pas long-
tems, une marchandife étrangère qu'il fallait
tirer du dehors & payer comptant, on devait regarder comme un gain, quand on ne
retirerait de ce travail que les frais. Mr.
Knecht penfait d'ailleurs, que la nature travaille toujours en grand, qu'on n'a jamais

vu une source salée absolument petite, & que peut-être on parviendrait à une grande abondance. D'autres personnes d'office croyaient pouvoir s'assûrer par la baguette, qu'à une très - petite distance de cette source - ci se montrerait aussi l'origine de l'eau de Panex, & que par conséquent il y avait à espérer une grande diminution de travail.

La république toujours attentive au plus grand bien public, hasarda sur ces rapports les frais d'une galerie. On la poussa en 1755, & dans les années suivantes au-delà de douze cent pieds, & en droite ligne plus de six cent pieds, dans la montagne au Sud, & en Sud-Est, & on trouva beaucoup de granit de-même que du limon, dont une partie formait un kyste bleu, comme au Fondement, & une pierre dure parsemée de talk ou de mica, mais qui s'altérait fort vîte. Mais comme cette galerie principale continuait à ne point donner d'espérance, on poussa deux boyaux de traverse, & plus au Nord : on ne prit pas une peine inutile.

Dans la longueur de cinq cent pieds, tout fut étagé, car on ne bâtit pas ici aussi fort que sur le Hartz. On se contenta de deux rangs de madriers qui en soutiennent un troisième. A la fin il se mêlait au terrein un peu de gips alternativement.

Dans le boyau transversal antérieur, on trouva du sel en cubes, en pyramides &

en grouppes, auſſi bien que du ſalpêtre pur entremêlé avec du ſpath & des rocs ſembla-bles à la pierre griſe du Fondement. On.a auſſi trouvé en ce même endroit en 1760 du ſel de Glauber, naturel & parfait, dans les fentes des rocs. Dans ce même boyau eſt une ſource de ſoixante à ſeptante-cinq livres & de la contenance d'un deux-centième.

Cependant il ſe montra encore le 9 Juin 1760, dans le boyau tranſverſal poſtérieur une ſource qui promettait d'avantage; elle n'était à la vérité que de quarante-cinq, à ſoixante ou ſeptante cinq livres; mais par contre fort conſtante. Elle s'eſt trouvée con-tenir à l'analyſe un centième, & auſſi un ſoixante-ſixième. Ce boyau a encore une ſource douce qui a une odeur de ſoufre, & preſque à l'entrée un nouveau petit filet.

A l'extrémité du boyau eſt un kyſte bleu, preſque comme au Fondement, feuilleté & durci avec quelques rognons de pierre noire ; mais la miſérable eau douce reparaît à l'en-trée. Tout le devant était en 1760 une ca-verne où la lampe du mineur prit feu, & où les travailleurs avaient été brûlés en 1759.

Entre les deux boyaux de traverſe eſt un ſinter ſulfureux preſque comme dans le Fondement.

Enfin on trouva dans la principale galerie une ſource de cent vingt à cent cinquante livres, de la contenance d'un quatre-centième ; mais qui en tems de pluie coule trouble & limoneufe ; il y a encore dans cette même galerie un peu d'eau falée, & elle fe termine au limon bleu, où il eſt tout fec.

Les deux fources de Chamofaire les plus d'ufage ne furpaſſent donc guère cent vingt livres, & leur contenance, l'une dans l'autre, peut être au plus d'un centième felon l'analyfe. La quantité de fources d'eau douce qui fe montraient d'ailleurs diminua tellement mes efpérances, que je commençai le 10 Juin 1760, à douter qu'on gagnât à fuivre cette fource. Il me parut auſſi que fi le fel était répandu abondamment dans la montagne, il ferait impoſſible que cette quantité d'eau douce confervât fon infipidité; & comme la veine falée du boyau tranfverfal antérieur qui devait encore être coupée une fois par le poſtérieur, n'augmentait pas au-dedans de la montagne, mais au contraire s'y trouvait moindre, je dus conclure qu'elle n'était ni confidérable ni conſtante.

Je confeillai donc de fufpendre d'ultérieurs travaux, pour jouir de l'eau falée qu'on avait trouvée, & de faire un eſſai de quelques années, pour voir fi la nature ne fe montrerait pas plus favorable.

Ce qui ne donne pas peu de peine dans cette mine, c'eſt la prompte pourriture des étais, produite par l'humidité de la montagne & le défaut de circulation dans l'air, parce

que cette mine n'a jufqu'à préfent qu'une iffue, & qu'on eft obligé de lui donner de l'air
par le moyen d'un foufflet.

La république agréa cet avis, & depuis 1761
le travail a été fufpendu. Depuis ce tems-là,
les deux fources demeurent prefque conftan-
tes, & donnent enfemble cent vingt livres
d'eau par quart d'heure.

CHAPITRE V.

Les canaux de conduite.

ILs n'ont rien de particulier que leur dif-pendieufe longueur. Celui qui va de Chamo-faire à la faline d'Aigle, eſt long au moins de trois lieues ou ſix mille ſix cent toiſes de France. Mais la haute ſituation de nos four-ces ſalées qui ſortent toutes dans des endroits eſcarpés, rend ces conduits néceſſaires. La ſource qui ſort ſous Chamoſaire doit être con-duite en partie ſur une petite vallée & en-ſuite ſur le penchant d'un abîme affreux près des Barmes. Comme en quelques endroits elle paſſe ſur des ponts hauts, elle gèle aiſé-ment dans une expoſition d'ailleurs tournée au nord, & on n'a rien trouvé de mieux pour l'en garantir que de couvrir les canaux de beaucoup de ramée.

Tous ces canaux ſont des tuyaux de ſapin longs de dix pieds, qui ſe terminent en pointe par devant & s'arrêtent l'un à l'autre par des anneaux de fer.

Le bois de melèze quand il eſt aſſez épais, eſt regardé comme beaucoup plus durable; car d'ailleurs une conduite de ſapin perd cha-que année une dixième partie. Les tuyaux de pin ne ſont point connus ici. Il ſerait à ſouhaiter qu'on eût quelque autre invention

&

& peut-être qu'on fit ufage des tuyaux de fer ; car une conduite de fix mille fix cent toifes ou trente-neuf mille fix cent pieds, exige de cette manière toutes les années une réparation de trois mille neuf cent foixante pieds, ou trois cent nonante - fix tuyaux : quantité qui doit fucceffivement dévafter les bois les plus forts.

Nous avons trois conduites pareilles ; celle de Chamofaire, celle de Panex qui fe réunit avec la précédente à une lieue au-deffus de la faline, *à la montre* ; & celle du Fondement, qui va à Bex-vieux & qui eft à-peu-près la plus courte & a cependant deux lieues d'étendue avec la longue galerie de la montagne.

La fource de Panex eft fujette à des cordes ou longues racines, qui venant de quelque arbre voifin s'ouvrent un paffage dans les tuyaux par le trou d'un nœud ou une crevaffe de pourriture, & plufieurs fois au travers des rocs durs, & fe multiplient en une infinité de petits rameaux qui paraiffent comme un balai. Dillenius a décrit cette production végétale comme une *Conferva* ; mais elle n'eft que du vrai bois & purement accidentelle.

La conduite de Panex eft auffi fort fujette à l'incruftation qui s'y attache à l'épaiffeur d'un pouce ou deux, & mure enfin tout le tuyau : elle reffemble lorfqu'elle eft polie, à de l'agathe cendrée ou brune, & eft prefqu'auffi dure.

D

CHAPITRE VI.

Les bâtimens de graduation.

LEs habitans des pays chauds suivants la nature, ont façonné le sel au soleil. Cette manière est la plus aisée, la moins couteuse & la meilleure; car c'est elle qui prépare le meilleur sel, comme nous le verrons ailleurs.

Il paraît que c'est en Allemagne, soit au Lac-salé, soit à Halle qu'on a premiérement cuit du sel. On sait qu'il y eût entre les Cattes & les Hermondures, au sujet d'un lac, une guerre funeste à cette première nation. Il est vrai que Tacite dit que les Allemands allumaient simplement du feu & l'éteignaient avec l'eau salée. Mais du sel fait de cette façon aurait été en bien petite quantité, & incapable de servir, à cause de la cendre dont il était mêlé. La vérité est ici simplement qu'on cuisait alors du sel. Mais Tacite qui a montré une négligence si manifeste dans les histoires des Juifs & des Chrétiens, aura aussi trouvé, qu'ici la vérité qu'il avait d'ailleurs cherchée, était trop peu de conséquence, & ne valait pas la peine de s'en informer mieux.

On cuit encore aujourd'hui à Halle, à Lunebourg & en Angleterre la liqueur salée simplement & sans bâtiment de graduation. Mais quand il y a une grande quantité d'eau, l'évaporation par le feu va bien lentement, & la dépense du bois est fort considérable, de forte qu'enfin elle égale presque la valeur du sel. Ce qui est cause qu'on a cherché à préparer l'eau & à conserver le sel de la liqueur, avant que de la travailler dans la chaudière.

L'idée de concentrer le sel par une forte gelée, peut être de quelqu'usage lorsqu'on a une immense quantité d'eau, & qu'ainsi on peut ne pas tenir compte de la perte qui est causée par le sel qui reste dans la glace. Le travail en grand serait aussi fort difficile, & souvent rendu inutile par l'inconstance du tems. Aussi cette invention n'a jamais été, que je sache, exécutée en grand.

On en est venu en Allemagne aux bâtimens de graduation. Cette invention, dont j'ignore l'auteur, a aussi été en usage à Roche depuis un tems immémorial. C'étaient de grands hangars, au bas desquels était un grand bassin de bois, & sur ce bassin une pile de bottes de paille, sur laquelle on versait l'eau salée avec de grands seaux. Une partie de la terre & du tuf s'attachait à la paille ; cette eau répandue sur une grande surface s'évaporait, & la liqueur salée était rendue plus forte, mais de peu. On ne la faisait pas aller par cette préparation, plus haut que de deux à huit ou neuf pour cent.

Il est vrai que cette graduation est celle

qui exige la plus grande diminution de l'eau, car elle eft réduite à une fixième partie ; & de là jufqu'à vingt-quatre, qui eft la plus haute graduation, on ne diminue l'eau que de moitié. Cependant cette manière de fortifier la liqueur falée était lente, caufait une grande perte de bois, & exigeait que les hangars & les baffins fuffent d'une immenfe grandeur, puifque l'étendue d'un bâtiment de graduation eft toujours en raifon inverfe de la vîteffe de la graduation. Enfin la paille pourriffait auffi fort vîte, & il n'y avait point de fin aux réparations.

Ce peut être au commencement de ce fiècle, qu'on a perfectionné l'art de graduer. Mr. de Beuft en communiqua la nouvelle invention à notre Patrie en 1730. Elle a beaucoup d'avantages. Au lieu de plufieurs travailleurs qui jettaient l'eau falée, un affemblage de perches, & une feule roue fait monter l'eau par des tuyaux de bois, & la chûte de l'eau la fait s'étendre d'elle-même fur une fort grande furface.

Cette furface confifte en deux piles de fagots d'épines, qui font plus étroites en haut, & s'élargiffent de plus en plus par en bas, & font couchées & fermement affujetties fur une grille de lattes de bois. Chaque pile d'épines eft large de quatre pieds par en haut, & de fept à fept & demi par le bas ; l'intervalle entre les deux piles eft en haut de trois pieds

& demi, & en bas d'un pied & un quart ; la hauteur des piles eft de vingt pieds, & dans le bâtiment nouvellement conftruit, de vingt-fix pieds & demi.

L'étage fupérieur du bâtiment de gradua-tion a de longues auges de bois, defquelles l'eau falée coule par quelques ouvertures gar-nies de robinets dans des longs canaux, & elle eft élevée à cet étage par les pompes & les tuyaux verticaux.

Les canaux font couchés dans toute la lon-gueur du bâtiment fur les épines, & l'eau en fort par mille petites entailles d'un demi pouce fur les piles d'épines.

Quand la pompe marche & que les robi-nets font ouverts, l'eau falée coule ainfi fur le haut de la pile d'épines, & eft obligée de dégouter au travers jufqu'au bas, qu'elle eft reçue dans un baffin de bois qui a une lon-gueur confidérable, fur une largeur de vingt-fept pieds & une profondeur d'environ trois pieds, & qui eft fait de forts madriers de melèze, d'ailleurs entièrement fous le toit.

Ce baffin eft divifé pour la commodité par diverfes féparations, & l'eau falée telle qu'elle vient de la fource (crue), eft mife dans la divifion extérieure : quand elle eft devenue un peu plus forte, elle paffe dans la feconde divifion, de celle-ci dans la fui-vante & enfin dans la plus prochaine de la maifon à cuire, où la liqueur s'élève à vingt

& un & jufqu'à vingt-cinq pieds, ce qui eft ici le degré extrême de force. Les divifions du baffin font en même raifon que la force de l'eau falée qu'ils contiennent (*), c. a. d. que celui-là eft le plus long qui la reçoit telle qu'elle vient de la fource, & que les autres font toujours plus petits, à mefure que la liqueur devient plus forte. A Aigle il y a cinq compartimens, (**) dont la liqueur crue en occupe un de deux cent huit pieds de long ; le fuivant eft de cent quarante-neuf, le troifième de cent huit pieds ; l'eau encore plus graduée en occupe un de foixante-fept pieds & demi, & la plus forte quarante pieds & demi. Dans la divifion la plus faible l'eau eft forte de quatre pour cent, dans la fuivante de douze, puis de vingt-deux, & dans la plus forte de vingt-cinq.

Jufqu'à ce que la liqueur ait cette force, on la laiffe toujours élever par les pompes & retomber en bas. Le tems qu'elle employe à parvenir de deux pour cent à vingt pour cent, & où par conféquent de quatre-vingt dix-huit parties d'eau il s'en évapore foixante-dixhuit, eft incertain. Un calcul par à-peu-près donne onze évaporations par an :

NB. *Les notes font du Traducteur.*

(*) Plutôt en raifon inverfe.

(**) Il s'agit fans doute feulement de l'ancien bâtiment.

de forte qu'un hangar de graduation évapore fon eau en moins d'un mois , quand elle a deux pieds de profondeur , fix cent pieds de long & trente de large. Cependant je regarde ce calcul comme trop avantageux.

On a remarqué que dans un jour de foleil accompagné d'un peu de vent, il s'eft évaporé du grand baffin jufqu'à cinq pouces d'eau ; d'autrefois cela ne va qu'à une ligne ; & par des tems humides, elle ne fe gradue point du tout. Les nuits claires & féches font auffi favorables ; mais le foleil eft ce qui opère le plus & accélère l'évaporation. Après le foleil on eftime le vent d'Eft, qui à la vérité eft ici à Aigle un vent de Nord , & amène d'ailleurs le beau tems. Un tems pluvieux empêche toute évaporation ; & dans le froid elle ferait inutile , parce que l'eau divifée fe gèlerait fur les épines.

L'expérience a déja appris aux ouvriers , qu'un fort vent eft nuifible : il chaffe devant lui une rofée de liqueur , & l'allée qui environne le bâtiment de graduation en eft arrofée au long & au large. En Allemagne cette rofée qu'on ne preffe pas autant, fait naître diverfes plantes falines, comme la Salicornia, le Tripolium, &c. Ici elle ne fait pas le même effet, mais elle caufe une perte confidérable.

Pour prévenir cela, les pompes font fufpendues pendant la nuit au Bex-vieux ; &

à Aigle les graduations font obligées de parcourir tour-à-tour le bâtiment, & fi le vent augmente, comme il eft fort ordinaire quand la nuit tombe, d'arrêter les bouchons. Tout cela doit auffi être obfervé de jour. Un membre de l'Académie de France croit qu'on devrait faire les ouvertures des robinets & des canaux plus étroites, pour qu'il tombât fur les épines de plus petites gouttes, qui par conféquent s'étendraient d'avantage fur la même furface, & s'évaporeraient d'une plus grande fuperficie. Il ferait difficile d'entreprendre cela à Aigle, parce que le tuf dont l'eau falée abonde en remplirait trop vîte tous les tuyaux.

La liqueur falée dépofe fur les épines un tuf qui au Bex-vieux eft plus gypfeux, mais qui d'ailleurs n'eft point falé; excepté que quelques fois, par une caufe incertaine, les épines fe chargent de tuyaux minces de fel, femblables à ceux qui fe forment par la transfudation au travers du bois. Ce tuf croît fort vîte à Aigle & met les épines en un tiffu indiffoluble. Auffi faut-il changer les épines en peu de tems comme au bout de huit ans, ce qui ne fe fait pas fans une grande perte de tems & fans dommage. Heureufement l'épine blanche (*) croit en grande quantité au pied des rochers des Alpes : cependant on peut aifément remarquer qu'elle eft plus

(*) Cratægus fpinofa.

rare qu'elle n'était, & qu'il faut la payer un huitième plus cher. On doit la couper en hiver & au printems avant qu'elle pouffe, & on la lie en fagots. Mais il eft très-effentiel de faire ces fagots fort clairs, & il convient pour l'ornement qu'ils foient taillés d'égale longueur.

Après toutes les améliorations qui ont été faites dans les derniers tems à ces bâtimens de graduation, on y trouve cependant en y regardant de près, plufieurs défauts confidérables, qui ont excité chez-moi le défir de trouver quelque moyen propre à épargner le bois.

Ces édifices font difpendieux. Le bâtiment de graduation à Aigle, qui avait douze cent foixante pieds de long, (*) & devait donner trois mille quintaux de fel par an, a coûté près de feize mille Rixdaler. Ce bâtiment dépeuple un bois entier, parce que tout doit être de bois, & que certains piliers exigent une longueur de trente pieds & plus ; ce qui, vû l'épaiffeur néceffaire, demande déja un fapin confidérable.

Ils font à caufe des ébranlemens continuels des pompes, fujets à fe déranger & à plufieurs réparations. Ils font auffi expofés à être renverfés, fur-tout les neufs. Dans l'idée que le vent & fur-tout le vent de Nord &

(*) Sans doute avec la nouvelle bâtiffe ; voyez ci-deffus.

d'Eſt aident à la graduation , on l'a établi dans un lieu ouvert , & au travers de la vallée , directement oppoſé au choc du vent. Une colonne d'air choquant la pile d'épines & la prenant comme une voile , peut aiſément renverſer le bâtiment , comme il eſt arrivé récemment.

On cherche , il eſt vrai , d'obvier à ce renverſement par les contre‑forts qu'on poſe , chacun ſur un pilier de pierre , & à une auſſi grande diſtance que le permettent les ſolives des baſes qui débordent le bâtiment , & qu'on aſſujettit en haut aux piliers verticaux qui portent le toit. On a encore , au lieu d'un ſeul contre-fort, employé outre le grand un ſecond plus près du toit , & par-là on a fortifié les piliers verticaux en deux endroits : de ſorte que leur longueur & la diſtance de leur milieu au point d'appui eſt fort courte , & que par conſéquent le pilier, au lieu d'un ſeul levier, en préſente trois. On comprend aiſément que plus eſt courte la diſtance du centre d'un de ces leviers à ſon point d'appui , plus auſſi eſt grande la réſiſtance qu'ils font contre le vent ; car un bâton court eſt plus difficile à rompre qu'un plus grand.

Les vents extrêmement vehémens de cette vallée rendent cette précaution néceſſaire. Ils ſe déchaînent le plus ſouvent dans les premiers mois du printems , en Février & Mars avec une telle violence , qu'ils abbattent les plus grands arbres, & enlèvent les toits des maifons. Mais aucun édifice n'eft autant expofé aux orages que ce bâtiment de graduation, d'une longueur immenfe & dirigé vis-à-vis du principal vent.

Ce n'eft pourtant pas le plus grand inconvénient, quoiqu'il emporte une grande partie de l'utilité du bâtiment de graduation. Dans un pays où l'on ne peut faire que peu de fel, & où il eft pour la plus grande partie une marchandife étrangère, dont il faut payer comptant aux voifins plus de foixante-dix mille quintaux par an, c'eft un objet important, fi une partie du fel vient à fe perdre dans le travail; & cela arrive inévitablement en graduant. Quelque foin qu'on puiffe prendre, on ne faurait éviter qu'un vent inopiné furprenant la vigilance du graduateur, ne jette une forte rofée fur le terrein des environs. Nous en avons déja fait mention, & nous l'avons fouvent apperçu à la vue & au tact.

Or comme le fel n'eft en état d'être cuit qu'au bout d'un grand nombre de jours, il peut fe perdre dans un fi long bâtiment une quantité extraordinaire de fel, fur-tout quand la liqueur eft déja forte d'un pour vingt, & que fur chaque livre d'eau il fe perd près d'une once de fel.

Cette confidération eft fortifiée par l'expérience, de laquelle il réfulte que les falines donnent en effet moins de fel que les effais en petit en promettaient ; de forte que la perte emporte un tiers du profit. Il y a à la vérité encore une autre caufe de cette différence ; mais nous alléguerons des expériences, qui prouvent que la diffipation caufée par le vent, doit entrer en ligne de compte.

Ceux qui ont demeuré long-tems auprès des falines, font par cette raifon dans l'idée, qu'une eau falée forte de douze pour cent, comme eft pour l'ordinaire celle du Bex-vieux, ferait avec plus de profit cuite, telle qu'elle eft (crue) que graduée. Et les Anglais ne graduent point du tout leurs fources, qui à la vérité font la plupart fortes ; mais dont quelques-unes auffi ne tiennent pas plus de douze pour cent. Il eft vrai que le feu leur coûte moins.

Un de mes prédéceffeurs a eu une idée particulière pour diminuer ou même enlever cet inconvénient. Comme pour certaines raifons, on avait été obligé de laiffer remplir le creux du Vorficht, on obferva clairement que l'eau falée y était d'une force extraordinairement variée. En haut elle ne contenait que deux pour cent, & en bas à une profondeur de foixante-dix pieds de Berne, elle contenait jufqu'à vingt-deux pour cent. De même en 1747 qu'on perça la fource vingt-cinq pieds plus bas, la contenance monta tout d'un coup de neuf & demi à vingt-trois, mais elle ne refta fi haut que trente-quatre jours. Il était évident que cette augmentation de force ne ve-

nait que du fel qui s'était affoncé à cette profondeur de vingt-cinq pieds.

Sur ces fondemens, cette perfonne con-
feilla de faire au tuyau d'écoulement du réfervoir de Panex différens trous, dans lefquels
il voulait qu'on inférát perpendiculairement
divers tuyaux plus petits de longueur inégale. Le plus bas aurait conduit la liqueur
fortifiée par l'affife de l'eau, & qui peut-
être pourrait être conduite directement à la
chaudière, & que par les plus longs on pourrait éprouver, combien l'affife de la liqueur
à différentes hauteurs de l'eau, peut contribuer à la rendre forte. La hauteur totale du réfervoir eft d'environ fept pieds & demi.

Le 18 Mars 1759 on fit les effais fuivans
par mon ordre. On donna à deux perfonnes
de la Magiftrature d'Aigle trois bouteilles,
dont l'une fut remplie en haut à la furface de
l'eau ; la feconde avait fon bouchon attaché à
une ficelle, & fut remplie au milieu du réfervoir après qu'on eut tiré le bouchon ; la troifième fut remplie au fond de la même manière.
Toutes les trois me furent apportées cache-
tées, & je fis l'analyfe de ces trois bouteilles.
A la fuperficie la liqueur falée tenait à l'effai
un pour cent & un pour quatre cent faible ;
au milieu un pour cent & un pour quatre cent
fort ; au fond un centième & demi ou un pour
foixante - fix & un peu plus.

Il réfultait de cet examen, que dans un

vafe peu profond , comme eft le réfervoir de la montagne de Panex , l'eau n'affonce pas fon fel affez fenfiblement. Je réfolus donc de faire féjourner long-tems la liqueur falée dans un tuyau de fer blanc plus haut, & d'en attendre le réfultat.

Le 18 Avril 1760 , je fis remplir un tuyau de fer blanc , de liqueur forte de douze centièmes , & l'y laiffai féjourner deux mois. Le 12 Juin j'ouvris ce tuyau qui était long de trente-trois pieds , premièrement en haut , puis a onze pieds , enfuite à vingt-deux, & enfin tout - à - fait au bas , & je fis évaporer toute cette eau.

Il y avait en haut quinze pouces de def-féchés qui s'étaient convertis en rouille ou perdus d'une autre manière ; au - deffous du quinzième pouce la liqueur était forte de neuf & demi pour cent, & ainfi affoiblie prefque d'un quart. Près du onzième pied elle était à-peu-près de même ; & au trente-troifième ou tout-à-fait au bas, de douze & un huitième.

La liqueur ne s'était donc graduée , dans l'efpace de près de deux mois dans un vafe de trente-trois pieds de haut , que de qua-rante huit à cinquante-cinq , (*) ce qui

(*) Le vrai rapport eft de quatre-vingt feize & cent trois , à moins qu'il n'y ait une faute dans les nombres précédens , & qu'au lieu de douze & fept huitièmes , il ne doive y avoir que treize & fept hui-tièmes.

îl eft une augmentation de force tout-à-fait imperceptible relativement à une liqueur qui
doit être graduée jufqu'à vingt, & ainfi de
quarante - huit à neuf cent foixante, & être
par conféquent fortifiée près de huit fois plus
qu'elle ne l'a été en deux mois à la hauteur
de trente-trois pieds.

Il ferait donc à craindre que pour graduer en grand de cette manière, le réfervoir
qu'on ferait dans le roc, ne dût être d'une
extraordinaire profondeur & n'avoir pas
moins d'environ cent pieds de profondeur,
fi l'on voulait en efpérer un grand effet;
& que fi l'on voulait le faire moins profond, il faudrait compenfer par l'étendue, ce
qu'on retrancherait de la profondeur; qu'il
exigerait auffi un très long - tems pour la
graduation : ce qui contraindroit encore d'ag-
grandir le réfervoir pour compenfer la lenteur. Que ce ferait un hafard rare de trouver un roc fort, fans granit, fans pierre
molle & fans eau douce, d'une grandeur fuf-
fifante pour la graduation de 21, 300, 000
pieds d'eau, ce qui eft le montant de la
fource qui coule à Aigle pour y être graduée dans l'efpace d'une année. Or fi l'on
fuppofe quatre graduations par an, ce
qui eft le plus qu'on puiffe accorder, cela
exigerait un réfervoir de deux mille fept
cent trois toifes cubes de fix pieds, dont chacune coûterait à-peu-près vingt écus ; & par

conséquent la première depense irait au moins à cinquante-quatre mille écus. Or le seul intérèt de cette somme suffirait pour cuire fans graduation la mème quantité d'eau falée.

Il m'eft venu au contraire une autre idée. J'ai confidéré que fur les côtes du Poitou, & du pays d'Aunis, le fel marin fe fait uniquement au foleil, quoique cependant dans ces contrées l'eau n'en peut contenir plus du quatre pour cent. La chaleur de ces lieux là ne peut pas ètre plus grande que celle du gouvernement d'Aigle, où il croît du vin très-doux & fort, tandis qu'au contraire les vins du bas de la Loire en France font de bas alloi ; puifqu'auffi à Aigle les grena-diers rapportent du profit & des fruits, qu'on y trouve la Mantis & la vraye Cigale des anciens, que l'on trouve tout auprès le Lau-rier, à la vérité l'efpèce mâle, tout-à-fait fau-vage & en plein air, & qu'enfin l'hiver y eft court & les jours d'été d'une chaleur inexprimable.

La côte de France dont j'ai fait mention, n'a aucune de ces productions de la nature ; & il eft vraifemblable qu'elle eft incommodée par beaucoup de pluies, comme généralement les pays voifins de la mer.

Il eft vrai que l'immenfe quantité d'eau qui y afflue d'elle - mème de la mer, permet d'em-ployer tel moyen de graduer, par lequel il

peut

peut fe perdre un peu d'eau falée ; en particulier de creufer fimplement un étang dans le
pur limon, fans fe mettre beaucoup en peine ,
quand il y aurait quelques crevaffes qui laif-
feraient écouler une partie de l'eau. Il en réfulte encore cette commodité, qu'on peut
laiffer l'étang fans couverture , parce que fon
extraordinaire grandeur compenfe aifément
le dommage qu'une pluie occafionne. Du
moins, les Français ne prennent aucun foin
pour prévenir ce mal , ce qui doit cependant
dans les étés humides, rendre fort difficile &
lente la formation du fel marin.

Nous avons au contraire dans notre pays
un foleil beaucoup plus fort & un été plus
long. Nous pourrions établir notre étang
dand un lieu abrité & garanti du Nord,
parce que l'expérience fait connaitre, que la
graduation fouffre beaucoup du vent. Nous
pourrions le couvrir de toits mobiles, & par-là
prévenir l'action ennemie de la pluie & de la
rofée. Nous pourrions y employer de tels
matériaux , au travers defquels il ne puiffe
couler aucune goutte de liqueur. Et enfin notre eau falée du Bex-vieux eft prefque trois
fois plus forte que l'eau de la mer, puifqu'elle tient autour de douze pour cent : &
par conféquent pour façonner le fel, il ne faut
évaporer que huit fois fon poids d'eau ; au
lieu que l'eau de mer doit en perdre le vingt-
quatre pour cent.

E

Dans cette idée, j'obtins qu'on fît à Aigle en 1759 & au Bex-vieux l'année suivante, de petits baffins. Celui-ci était une portion d'un réfervoir beaucoup plus long : il avait vingt-quatre pieds & demi de longueur & quatorze de large. Celui-là eft un peu plus petit. L'un & l'autre eft pofé fur des piliers bas, & le toit repofe fur deux poutres tranfverfales, fur lefquelles il peut fe mouvoir horizontalement au Sud ou au Nord : par où l'on peut le foir ou lorfqu'on craint la pluie, garantir l'eau de la chute de la rofée ou de la pluie ; & par contre quand il fait beau tems, non-feulement laiffer de nouveau l'action libre au foleil, mais encore aider la réfraction des rayons & augmenter l'évaporation. J'ai entre les mains des tabelles exactes de ces épreuves, & je les ai envoyées à l'Académie de Paris ; mais j'en extrairai ici l'effentiel, pour ne pas déranger ce traité.

On a laiffé l'eau dans le baffin à différentes hauteurs, mais il eft dangereux de la tenir trop haute dans un baffin de bois : car l'expérience a fait voir, qu'à une telle hauteur l'eau pénétre au travers avec le fel, qui pend hors du bois en forme de tuyaux creux comme des Stalactites. C'eft pourquoi dans les derniers tems, on eft allé à peine au-deffus de quatre lignes. Le gyps fe dépofe le premier au fond & s'attache fortement aux madriers; il nage comme à la cuite, & la

peau s'enfonce petit-à-petit. Après le gyps
fuit le fel, & il refte une leffive graffe, dans
laquelle parmi un peu de fel de cuifine fe
trouve beaucoup de fel amer.

Les tabelles ont donné pour réfultat géné-
ral, que même en Mars & en Octobre, & généralement dans un tems de pluie qui ne du-
rait pas tout le jour, il y avait cependant un
peu d'évaporation, & que dans le dernier cas
il s'évaporait une demi-ligne ou une ligne
entière ; pourvu feulement que l'avant ou
l'après-midi fût favorable. En Octobre l'évaporation eft auffi montée jufqu'à deux lignes.
En Décembre à peine s'eft-il diffipé un quart
de ligne ; & du 10 Octobre au 7 Février, feulement dix lignes ; du 7 Février au 8 Mars
feulement fept lignes. Le plus petit vent empêche l'évaporation, & la lumière chaude du
foleil l'augmente feule. C'eft pourquoi auffi
il n'y a point d'évaporation en hiver où les
vents font les plus forts.

A Aigle, l'évaporation eft montée en Mars
& Avril à trois lignes en un jour. En été,
dans les mois de Mai, Juin, Juillet & Août,
elle eft fouvent allée à trois lignes, mais jamais
plus haut ; & c'eft par méprife que cette
quantité a été augmentée jufqu'à cinq lignes,
comme il eft couché dans l'hiftoire de l'Académie des Sciences de l'année 1758 : elle n'eft
montée à ce point en aucun jour des années
1758, 59, 60, 62, 63 & 64.

En Juin 1759, il s'est évaporé au Bex-vieux trente-sept lignes, en Juillet cinquante-trois, en Août trente-cinq.

Le mois d'Avril 1760 a donné quarante-deux lignes d'évaporation, Mai quarante-six, Juin trente-sept, Juillet cinquante-une.

En Mai 1761, il s'est évaporé quarante-deux lignes, en Juin trente-une, en Juillet cinquante-huit, en Août quarante-deux.

En Juin 1762 encore trente-huit lignes, en Juillet cinquante, en vingt-cinq jours; en Août vingt-une, en vingt-huit jours; en Septembre vingt-neuf.

En 1763, il s'évapora en Avril vingt-huit lignes; en Mai, en seize jours aussi vingt-huit lignes; en Juillet cinquante; en Août quarante-quatre.

L'année 1764 en Avril, trente lignes; en dix-sept jours d'un mois de Mai pluvieux dix-huit lignes; en trente jours de Juin soixante-une; & en tout Juillet quarante-une.

Mais il doit bien être remarqué en particulier, que l'eau faible s'évapore fort promptement au commencement de l'évaporation; mais que la plus forte s'évapore fort lentement.

Ainsi en Juin 1760, l'eau forte n'a perdu en treize jours depuis le 18 au 30, que douze lignes, & la plus faible vingt-une lignes; de plus en Juillet la faible perdit trente-une, & la forte vingt-une lignes en quinze jours.

En 1761, la liqueur forte perdit en Juillet neuf lignes en sept jours, & la faible dix-huit; en Août la forte, onze lignes en douze jours, & la faible dix-sept; en Septembre, en huit jours la forte six lignes, & la faible quatorze.

En Août 1762, la liqueur forte a évaporé treize lignes en dix-huit jours, & la faible vingt-huit.

En Mai 1763, la liqueur forte évapora en vingt jours dix lignes, & la faible vingt-cinq; depuis le 17 Juillet au 14 Août, il s'est éva-poré de la liqueur forte vingt lignes, & de la faible trente-quatre; en Août la forte a perdu dix-huit lignes en dix-sept jours, & la faible vingt-sept.

L'an 1764, il s'est évaporé en quatorze jours d'Avril onze lignes de la liqueur forte, & vingt-trois de la faible.

Pour m'assurer si la moindre évaporation venait de la différence de la pierre & du bois, je fis emplir en Juillet 1764 le bassin de bois & celui de marbre de la même eau, & en même-tems; en trente-un jours il s'évapora dans le bois quarante-quatre lignes, & dans la pierre quarante-cinq, ce qui est fort sem-blable.

Il faut dont uniquement attribuer la moin-dre évaporation de la liqueur forte, à la force attractive des particules de l'eau entr'elles & avec le sel; & en effet on sent aussi au tact l'onctuosité de la liqueur devenue plus forte, & un œuf ne s'y enfonce plus.

On peut par conséquent prendre en gros une ligne pour l'évaporation moyenne d'Avril, Mai, Juin, Juillet, Août & Septembre, & compter cent vingt-huit jours d'évaporation dans l'année. Cette supputation est sûre; car les évaporations moyennes d'un été, calculées exactement sur un intervalle de six ans, montent à deux cent soixante-une lignes.

Le bassin a été vuide cinq à six fois dans un été.

Il résulte encore

I. Que l'hiver n'est point favorable à l'évaporation : puisque dans le froid il se montre à la vérité du sel, & qu'il s'évapore quelque peu; mais ce sel qui paraît comme de la glace, est un sel moyen de nature amère.

II. J'ai aussi éprouvé, qu'il faut faire évaporer à part comme à la cuite, un résidu de quelques lignes, lorsque je me suis servi d'une pierre de marbre; mais ce sel est aussi comme à la cuite, assez mêlé de sel amer.

III. Il est aussi prouvé, que le sel fait au soleil, est parfaitement cubique & solide; tandis qu'au contraire celui qui a été cuit, est à la vérité composé de figures quarrées, situées les unes sur les autres par degrés, comme les pyramides d'Egypte, mais creuses en-dedans; que de plus le sel fait par l'évaporation au soleil eſt ſec, peſant, dur, & a une odeur de violettes comme le ſel marin.

IV. Qu'il eſt propre par préférence à ſaler les fromages, ſelon les eſſais qui en ont été faits, & dûment atteſtés.

V. Que comme on l'avait auſſi prévu, le ſoleil fait de la même liqueur ſalée plus de ſel que le feu. Ce dernier en donne toujours moins que l'eſſai en petit, parce que la terre dans ce dernier, ſur-tout dans des ſources faibles, augmente inutilement le poids.

La différence eſt tout-à-fait remarquable, lorſqu'il s'agit de ſources faibles. C'eſt ainſi qu'en 1760 je fis l'épreuve de la ſource de Chamoſaire par l'évaporation au ſoleil, & j'en fis évaporer trois mille deux cent cinquante-huit onces, & mis le reſte dans un large vaſe pour s'y évaporer entiérement. Alors le produit qu'on prenait pour du ſel ſe ſépara, & à peine reſta-t-il la moitié de ſel de cuiſine : le reſte était en partie un ſel commun, imparfait, arrondi, mal figuré ; partie de ſel amer à cryſtaux allongés terminés par une pyramide, partie enfin d'écailles ſalineuſes & partie de terre brune. Le contenu de l'eau ſe trouva ainſi de moitié moindre, que ne le faiſait paraître l'évaporation prompte ſur le feu.

Il arrive delà que le calcul du ſel qu'on a à attendre d'une ſource, en meſures & en quintaux, eſt beaucoup plus grand que le ſel qu'on retire en effet. J'ai calculé la fource de Panex en 1750 & 1751, favoir du premier Juillet d'une année au premier Juillet de l'autre, & & de rechef en 1751 & 1752 de la même manière. Dans la première année il devait fe faire trois mille deux cent quatre quintaux & trois livres, & l'on ne retira en effet que deux mille cent quarante - deux quintaux. Dans la feconde année, au lieu de trois millè quatre cent quatre quintaux & trente - deux livres qu'on avait à attendre, on ne fit que deux mille fix cent trente & un quintaux & foixante dix-fept livres de fel effectif.

Nous trouvons par contre dans les tabelles de l'évaporation au foleil de l'année 1759, que de quarante-neuf feilles, ou mille quatre cent foixante dix livres d'eau, qui tenait neuf pour cent, & qui felon cette mefure devait donner un quintal & foixante feize livres, (*) on fit au lieu de ce nombre, deux cent quarante neuf livres de fel.

La troifième fois encore, de fix mille fept cent dix feilles ou deux mille dix livres à douze pour cent, il devait venir deux cent quarante-une livres de fel, & il y en a eu deux cent cinquante-fix.

A la quatrième, il y avait mille quatre cent feize livres, elle devait à douze pour cent,

____

(*) Ce doit être un quintal & trente livres.

donner cent quatre-vingt-une livres, (*) & elle en donna trois cent huit.

En 1760 on prit cinq cent cinquante pots ou feize cent cinquante livres à douze pour cent ; cela devait donner cent quatre - vingt dix-huit livres, & en donna deux cent dix.

Deux mille quatre cent livres d'eau à treize pour cent, (**) donnerent auffi trois cent cinq livres au lieu de deux cent quatre-vingt-huit.

Une autrefois fept cent foixante pots ou deux mille deux cent quatre-vingt livres à onze & demi pour cent, devaient rendre deux cent foixante-deux livres, & en firent deux cent foixante feize, & une autre fois deux cent quatre-vingt quatre.

En 1762, deux mille quatre cent foixante livres, qui à fix & demi pour cent devaient rendre cent cinquante-neuf livres de fel, en donnerent cent foixante-quatre.

En 1763, huit cent pots à dix pour cent faible, au lieu de faire moins de deux cent quarante livres, en rendirent deux cent cinquante.

En 1764, deux mille quatre cent livres à

(*) Je trouve cent foixante neuf & quatre-vingt & douze centièmes ; l'auteur met cent foixante- dix dans le mémoire de l'académie 1764.

(**) Il faut douze, autrement les autres nombres font faux ; il y a douze dans le mémoire de l'académie.

dix pour cent, donnerent deux cent cinquante livres de sel, au lieu de deux cent quarante. Et une pareille quantité, mais à onze pour cent, donna une fois deux cent quatre - vingt - deux livres, au lieu de deux cent soixante-quatre, & une autre fois deux cent soixante-quinze.

Mais pour prévenir tout doute, j'ai calculé toutes les soixante - sept évaporations, qui se sont faites au Bex-vieux en six ans. Elles promettaient d'après la contenance & le poids, neuf mille cent huit livres, & en rendirent huit mille huit cent trente-trois, nombre qui approche tant du précédent qu'on peut les regarder comme les mêmes, puisque premièrement ils ne diffèrent que d'une trente - troisième partie, & que dans plusieurs cas on n'a pas retiré de la pierre le dernier sel, & qu'enfin, sur - tout dans les commencemens, il s'en est beaucoup perdu par les fentes des planches.

De même à Aigle en neuf évaporations complettes on a retiré, d'une eau cependant si impure & si faible, six mille neuf cent trente-neuf livres de sel, au lieu de six mille neuf cent quarante-sept, savoir le total de ce que l'essai promettait, quoiqu'on se servît du tems incommode de l'hiver où il se fait beaucoup de sel amer, & peu de sel de cuisine. Et dans la seconde évaporation en particulier, on a fait au soleil treize cent soixante-dix-

neuf livres, au lieu de onze cent cinquante-
six livres & soixante - huit centièmes ; une
autre fois à la troisième évaporation, sept cent
soixante neuf livres, au lieu de six cent quarante-huit & soixante-huit centièmes ; & dans
la quatrième douze cent quatre - vingt - six
livres pour onze cent quatre-vingt-une &
quatre-vingt-quatre centièmes.

Or quoiqu'on ne trouve pas dans toutes
les évaporations cette surabondance , cependant l'excès qui a lieu le plus souvent,
quoiqu'il ne soit pas constant , est un fait bien
digne d'être remarqué ; puisqu'il est inouï
dans la méthode ordinaire de cuire & de graduer , que le sel effectif approche du calcul
fait en petit , & la différence est extraordinairement grande à l'égard de la liqueur
faible , comme nous l'avons aussi fait voir.

Si nous voulons à présent calculer la possibilité de l'évaporation en grand , prenons
pour fondement, qu'au Bex-vieux on tire en
un an dix mille quintaux de sel (*) d'une
liqueur forte de onze pour cent. Par conséquent il se cuit au Bex-vieux 909,090 quintaux d'eau, ou pour abréger 910,000. Ici le
pied d'eau est évalué à cinquante livres. Mais
comme elle tient onze - centièmes de son
poids de sel , il peut aller environ à cinquante -cinq livres. Les 910,000 quintaux
font ainsi dix-huit mille trois cent soixante-

(*) Ce qui est un peu trop.

trois pieds d'eau, que nous compterons pour
dix-huit mille pieds, vû qu'il eſt rare qu'on
cuiſe dix mille quintaux de ſel.

Or il s'évapore en une année un peu plus
de cent quatre-vingt-deux lignes, que nous
compterons pour un pied & un quart. Il
faudra ainſi pour l'évaporation de dix-huit
mille pieds, un baſſin qui ait pour abréger,
cinq quarts de pied de profondeur & quatorze
mille quatre cent pieds d'étendue. Il eſt vrai
que ce ſerait trop de cinq-quarts de pieds de
profondeur de l'eau pour le bois ; mais un
pied n'eſt point trop pour le marbre, que
nous conſeillons d'employer à cela. Toutes
fois nous ne prendrons que neuf pouces :
ainſi il faudra pour l'évaporation des dix-
huit mille pieds d'eau, un baſſin qui tienne
neuf pouces de hauteur d'eau, & ait trente
mille pieds de ſurface.

Comme le toit doit être mobile, on peut
ne donner au baſſin pas beaucoup au-delà
de vingt-cinq pieds de large, & près de douze
pieds de longueur (*).

Le baſſin à évaporer n'eſt donc point un
édifice démeſuré. Nous avons à Aigle un bâtiment de graduation long de douze cent
ſoixante pieds ; & à Théodorſaal un pareil
bâtiment occupe près de huit mille pieds.
Et un bâtiment de graduation eſt infiniment
plus compoſé qu'un baſſin d'évaporation.

(*) Plutôt douze cent cinquante.

Un pied de marbre de six pouces d'é-
paisseur coute ici dix Kreutzer, ce qui fait
pour le fond du baffin trois mille Kreutzer.
Les bords forment une enceinte de deux
mille quatre cent cinquante pieds; & en
les prenant d'un pied & demi de haut, on
aurait trois mille six cent foixante-quinze
pieds, qui de même à dix Kreutzer font
36,750 Kr. & le tout enfemble 336,750 Kr.
ou trois mille trois cent foixante-fept Krones,
qui font autant de Rixdales, pour le baffin de
marbre.

Si nous comptons encore dix Kreutz. par
pied pour le toit, le ciment & autres femblables articles, cela fera encore 300,000 Kr.
ou en tout fix mille fept cent trente-trois
Krones. La dépenfe n'irait pas au-delà, &
monterait à peine à cette fomme. Les fraix
annuels pour le couvert font peu de chofe.

Or avec cette dépenfe on épargne l'entretien de deux bâtimens de graduation, qui
coutent 15,000 Rixdales, qui d'après l'expérience ne durent pas l'un dans l'autre plus
de cinquante ans, & qu'il faut regarnir au
moins deux fois d'épines pendant ce tems
là. Ce dernier article fur une longueur telle
qu'eft celle des bâtimens d'évaporation, peut
monter à quatre mille Krones; & le précédent doit fe renouveller tout les cinquante
ans, & dévafte des forêts entieres chaque fois
qu'il faut l'entre-prendre.

Le premier article, puisque le bâtiment est un fonds perdu, qui n'a plus de valeur au bout de cinquante ans, & qu'il faut auffi l'entretenir conftamment en toit, doit ètre compté au fept pour cent. Il coûte donc annuellement dix mille cinquante Krones, & le fecond deux cent quatre-vingt. Ainfi cette dépenfe des bâtimens, monte annuellement à treize cent trente Krones.

On épargne enfuite pas l'évaporation au moins cinq cent toifes de bois par an, ou mille Krones, à le compter au plus bas.

On épargne les frais des chaudières, qui coûtent feize cent francs, & ne durent que vingt-cinq ans; les réparations fréquentes de la roue, des croix, des pompes, des perches, &c.

Maïs on a en particulier l'efpérance d'un avantage, & de faire comme on l'a vu par les expériences, fix pour cent de fel de plus. Mais en ne prenant que trois pour cent, trois cent quintaux de fel vaudraient beaucoup plus que l'intérèt des dépenfes qu'on aurait faites, & au moins fix cent Krones. Et il eft aifé de voir qu'on doit néceffairement retirer ce profit, parce que la liqueur fe façonne comme elle fort de la montagne, & par-là n'eft affujettie à aucune graduation, à aucun vent, à aucune cuite défavorable, à aucune évaporation trop impétueufe qui diminue le fel; en un mot à aucune perte.

Si donc la dépense en montait à fix mille
fept cent trente-trois Krones, ce ferait à le
compter au fept pour cent, environ quatre
cent cinquantes Krones par an.

Et la recette ou l'épargne
    En bâtimens . . . . Kron. 1330.
    En bois à brûler . . . . . 1000.
    En fel . . . . 600.
              Kron. 2930.

Ce qui furpaffe ainfi fix fois la dépenfe.

Que fi l'on faifait le baffin d'évaporation
fimplement de bois, il ferait à la vérité auffi
fujet à être renouvellé, mais par contre à
bien moins de frais.

J'ai médité avec attention, fi je trouverais
quelques objections qui montraffent de la
difficulté dans cette entreprife. Mais une expérience de fix ans, ne permet pas de douter du fuccès de l'évaporation.

A l'exception d'un tremblement de terre,
on ne faurait imaginer aucune caufe, qui
puiffe endommager un baffin de marbre couché à plat fur le terrein.

Une année humide peut bien affûrément
diminuer le nombre des jours d'évaporation ;
mais auffi dès le commencement, au lieu de
fept mois entiers, nous en avons à peine
compté fix, & nous avons pris l'évaporation
moindre qu'elle n'eft. Toutefois on pourrait,

foit pour faire du fel en hiver & occuper les ouvriers, foit pour obvier aux années humides, tenir un poële qu'on ne chaufferait que felon le befoin ; & par-là la dépenfe du bois ne ferait prefque rien & très - peu confidérable.

Les crevaffes qui furviennent quelques fois aux joints coûtent peu de chofe pour le ciment, & il eft fi facile de partager le baffin en petites portions, qu'on pourrait promptement tranfvafer l'eau d'une divifion dans la divifion voifine, & en prévenir la perte.

Sans parler que quelque beau que foit le fel de Roche, il ferait cependant & plus beau & plus fort préparé au foleil ; & comme plus fort, il ferait plus propre à conferver le fromage & la viande. J'ai envoyé à Mr. Spilman, célèbre Chymifte à Strasbourg, du fel ordinaire de Roche, & de celui qui avait été fait par l'évaporation. Une once d'efprit tiré du fel ordinaire a faturé neuf dragmes de fel lixiviel ; & une once de l'efprit tiré du fel fait au foleil en a faturé onze. Par conféquent la force du fel fait au foleil, eft à celle du fel cuit, dans le rapport de quatre à trois.

Cependant on a fait parvenir en haut lieu des objections contre la bonté de ce fel. Mais il eft manifefte d'après des enquêtes exactes qu'on a faites à ce fujet, qu'elles ont été occafionnées par le fel amer, qui fe forme en hiver dans le baffin d'évaporation, & qu'on

a mêlé avec le bon fel : & il eſt aiſé de concevoir qu'une ſéparation lente des parties ter-
reuſes & gypſeuſes , purifie bien mieux la
liqueur ſalée , que celle qui eſt précipitée.

Cette invention eſt encore plus utile dans
un pays où le feu eſt cher, ou la liqueur eſt
ſans cela paſſablement forte, & d'ailleurs en
modique quantité. Par contre elle ne ſerait
pas auſſi avantageuſe là où l'on aurait une
liqueur extrèmement faible & le bois à très-
bon marché, parce que celle-là exigerait un
très-grand baſſin, & que celui-ci fait un
moindre objet.

CHAPITRE VIII.

Le feu & la cuite.

SI l'évaporation se fait au soleil, ce travail n'est plus nécessaire. Mais tant que cette manière d'évaporer n'est pas introduite, il faut faire évaporer sur le feu la liqueur graduée, jusqu'à ce que l'eau soit diminuée au point de contenir plus d'un tiers de sel, au quel degré celui-ci se précipite.

Comme le feu fait bouillir l'eau, & qu'au contraire la chaleur du soleil ne monte que rarement jusqu'au cent & septième degré de Fahrenheit, le feu est ainsi une fois plus prompt dans son action; & comme le soleil ne conserve que peu d'heures une telle chaleur, & que de plus il n'y parvient dans notre pays que peu de jours de l'année, on peut à peine attendre du soleil le tiers de la chaleur du feu. Comme d'ailleurs le feu ne laisse jamais refroidir la liqueur, & qu'au contraire l'action du soleil baisse tous les jours, & que la liqueur se refroidit la nuit, il résulte de ces causes réunies, que le soleil employe cent quarante-quatre jours pour enlever dix-huit pouces d'eau, & par conséquent agit jusqu'à trente - six fois plus lentement que le feu, selon nos expériences rapportées ci-devant.

C'eſt - là la principale cauſe de la bonté ſupérieure du ſel marin, & de celui qui eſt évaporé au ſoleil. Le feu détruit par ſa chaleur
le principe odorant qu'il y a dans le ſel ; il en
chaſſe auſſi une bonne partie de l'acide, qui
eſt la ſeule cauſe qui rend le ſel de cuiſine
utile aux hommes : car ayant recueilli ſur du
papier bleu la vapeur de l'eau ſalée bouillante, & l'ayant exprimée, on a eu un ſuc
d'un brun obſcur ſemblable à la diſſolution
de noix de galles, d'une odeur & d'un goût
brulant & déſagréable preſque comme le bi-
tume, & à-peu-près comme la dernière leſſive onctueuſe de la liqueur, dans laquelle il
reſte le ſel moyen. Ce ſuc filtré a un peu
changé, mais il a laiſſé ſur le papier brouil-
lard une terre fine, noire, ſalée & brûlante.
On a fait évaporer ce qui avait été filtré :
il a donné un réſidu épais, brun, ſalé, d'une
odeur volatile & acide. On a calciné, diſſout,
leſſivé & filtré ce réſidu, & enſuite on l'a fait
évaporer juſqu'à pellicule. Il s'eſt montré par
ce procédé des cryſtaux de ſel de cuiſine, qui
n'étaient pas encore blancs, & qui étaient mê-
lés dans une gelée d'odeur volatile & cauſti-
que, bitumineuſe & tirant au vitriol. Ce réſidu calciné une ſeconde fois devint plus
blanc, les cryſtaux furent plus blancs auſſi.

Il eſt donc manifeſte qu'il ſort de la liqueur
qui boût avec la vapeur, une ſubſtance volatile un peu vitriolique, & enfin du vrai ſel

de cuisine, sans compter l'acide trop volatil qu'il est difficile de retenir.

Enfin, au lieu que le sel marin & celui qui est fait au soleil est sec & dur, le sel cuit, sur-tout celui qui a été fait à un feu violent, est au contraire mol, se fond à l'humidité, & est peu propre à conserver la viande & sur-tout le poisson, & par conséquent est dépouillé d'une partie de son acide & de la force conservatrice. Aussi le sel fait au soleil est il plus fort en esprit, comme nous l'avons montré ailleurs.

Ainsi la manière de cuire le sel, que j'ai vu pratiquer à Halle en 1726, & celle qui est usitée en Savoye & à Salins est désavantageuse. Le sel en est aussi désagréable aux sources & n'a point de force pour saler. La beauté du nôtre vient de l'introduction de la lenteur de la cuite; parce que d'après une longue habitude nous y employons quatre-vingt seize à cent vingt heures, & n'entretenons l'eau bouillante que pendant dix heures, après quoi nous évaporons l'eau qui reste à une chaleur douce.

Jamais tout ne s'évapore. Il reste une lessive épaisse, dans laquelle se trouve un sel moyen moins fluide, ou ce qu'on appelle sel de Glauber, une partie de la terre lixivielle qui n'était pas suffisamment imprégnée d'acide, & encore un peu de gyps.

Selon la dernière amélioration faite en

grand à Théodorsaal par Mr. de Beuft, le
fourneau du Bex-vieux eſt quarré, & a au
bas une grille de fer où la cendre tombe
entre les barres. Ces barres ſe fauſſaient fort
aiſément autrefois, juſqu'à ce que Mr. Knecht
a eu l'idée heureuſe de ne plus les murer
fortement, mais de les paſſer ſimplement à
nud; car comme le fer ſe dilate par la force
du feu, il ne pouvait, lorſqu'il était arrêté par
les extrémités, gagner cette étendue autrement qu'en ſe courbant, au lieu que quand
il eſt libre il s'étend ſelon ſa longueur.

La chaudière eſt couchée ſur le haut du
fourneau ; & à l'extrémité la plus éloignée de
l'embouchure, paſſe ſous les plus petites chaudières un canal muré, qui peut ſe fermer par
un tirant vers l'extrémité des chaudières. &
a d'ailleurs ſon iſſue quatre - vingt - quatre
pieds plus loin dans une cheminée éloignée.

Les chaudières ſont faites de fortes plaques
de fer forgé, quarré long, & clouées enſemble.
La grande chaudière qui eſt expoſée à la plus
grande chaleur, a pour ſon plus grand côté
dix - neuf pieds neuf pouces, & un pied de
moins pour le plus petit; ſa profondeur eſt
d'un pied neuf pouces.

Devant cette chaudière, au-delà du foyer,
ſont deux autres chaudières que nous appel-
lerons moyennes. Elles ſont de la même
ſtructure, mais n'ont que neuf pieds ſix pouces de long ; l'une a huit pieds huit pouces,

l'autre sept pieds sept pouces de largeur, & elles sont aussi plus basses sur les côtés. On pourrait à leur place n'en mettre qu'une, par où l'on épargnerait quelque chose.

Encore plus loin de l'embouchure du fourneau, est située une quatrième chaudière large de neuf pieds trois pouces, & longue de huit pieds deux pouces.

Quand on fait bouillir les chaudières, il faut pour cela au moins quatre fois vingt-quatre heures.

Le premier feu est fait de deux morceaux quarrés de bois. On l'appelle le grand feu; il dure environ huit, neuf à dix heures, & doit porter la chaudière à bouillir. Il consomme plus d'une toise & jusqu'à une toise & demi.

Tout le tems au-delà, on fait couler de l'eau salée froide dans la chaudière qui cuit.

L'eau boût plus au milieu & moins dans les angles; elle devient successivement laiteuse & blanc-jaunâtre.

Au bout de quelques heures il s'amasse au-dessus une écume, dans laquelle se montrent des petits cristaux imparfaits triangulaires, & qui ne sont pas encore cubiques ou pyramidaux. Pour bien cuire, il faut que cette écume ne forme pas une peau & n'empêche pas l'évaporation; c'est ce qu'on prévient au moyen d'un peu de graisse, de suif ou de beurre, dont la dépense pour une si grande chaudière ne va pas au-delà d'une once.

Au lieu de graiſſe, on peut auſſi bien diviſer la peau qui empêche l'évaporation, en
y vuidant ſeulement de l'eau ſalée.

Il ſe précipite du gyps dans les coins de la
chaudière & auſſi ailleurs, & on le tire dehors
avec des petites poches de fer quarrées. Il eſt
mêlé de ſel amer & auſſi d'un peu de bon ſel :
c'eſt pour cela qu'on le lave. Peut-être pourrait on au grand avantage de la cuite, in-
venter une chaudière à deux fonds, & enlever commodément le gyps qui ſerait ſur le
fond ſupérieur ; car celui qu'on ne peut pas
enlever, s'attache au fond de la chaudière, &
s'appelle tartre ou groube, & il faut le détacher de la chaudière à grands coups ; ce qui
ne ſe fait pas ſans l'endommager.

Lorſque le grand feu eſt paſſé, on ferme le
tirant, & l'on renferme la chaleur dans le fourneau & ſous les chaudières.

Il s'amaſſe encore alors une peau ſur l'eau
qui boût, & elle conſiſte en cryſtaux grands
& cubiques, qui tombent toujours de plus en
plus au fond.

On continue le feu ſeulement avec un tas
quarré de bois, & l'on en employe pendant
les trois jours reſtans, deux toiſes & environ
un tiers ; par-là cependant on entretient l'eau
fumante & en évaporation.

L'eau diminue alors conſidérablement, &
on ne la remplace point par de la froide. Le
ſel ſe précipite au fond, & l'on en tire déja au

bout d'environ trente heures dans les angles & aux bords de la chaudière , & il eſt en partie pyramidal , partie auſſi cubique.

C'eſt juſqu'à la ſoixante-douzième heure qu'on en puiſe le plus; cependant la production du ſel continue juſqu'à la quatre-vingt ſeizième , & à Aigle meme juſqu'à la cent vingtième heure. Il reſte à la fin une leſſive onctueuſe qu'on tranſvaſe en partie dans la ſeconde chaudière , & dont on laiſſe auſſi une partie dans la première, pour ne la pas expoſer vuide & ſèche au feu de la ſeconde cuite. Autrement on vuide auſſi la grande chaudière dans la petite.

Il s'attache au fond des chaudières, comme il a été dit , le tartre qu'on appelle ici *groube* , qui eſt un mèlange de gyps & d'encore un peu de bon ſel. Il faut en détacher cette pierre avec le marteau , & on en retire encore un peu de bon ſel par l'élixivaſion.

Les chaudières moyennes font un ſel plus groſſier. La liqueur qu'elles contiennent , eſt compoſée du réſidu de la cuite précédente de la même chaudière , de l'eau ſalée froide qui y coule, & de celle qu'on a puiſée de la grande chaudière à bouillir. Comme elle n'eſt expoſée qu'à une chaleur douce, les cryſtaux en font plus gros & ont juſqu'à un pouce en quarré.

La quatrième chaudière ſert à travailler ce qui reſte dans la grande & dans les moyennes après la cuite. On y cuit en une fois le reste de trois cuites. Mais quoiqu'on y faſſe couler de l'eau ſalée fraiche, ce ſel eſt cependant toujours onctueux, fluide, jaunâtre & plein de ſel amer. Il y aurait vraiſemblablement de l'avantage à travailler ce réſidu pur & ſeul en ſel d'Angleterre, puiſqu'il ne donne qu'un ſel humide qui n'eſt pas fort bon, & qui empêche de ſécher celui avec lequel il eſt mêlé.

Il reſte dans cette chaudiere un ſel mêlé de ſel amer & de ſel de cuiſine, de même que de gyps & de terre. On le diſſout comme le tartre, & l'eau avec laquelle on l'a leſſivé, eſt portée de rechef dans le baſſin à graduer. Mais il ſerait évidemment meilleur de ſéparer le ſel qui ſe trouve dans ce mélange, par le ſoleil ou par le feu, & non pas remêler la leſſive amère à l'eau qui ſe gradue.

On n'a point encore commencé dans ces ſalines à ſécher le ſel. Quelque déſir que j'en euſſe, diverſes cauſes l'ont cependant empêché, & ſur-tout la ſtructure du bâtiment à cuire le ſel, qui était conſtruit pour quatre chaudières, & qui n'était pas commode pour y introduire une étuve à ſécher.

Cependant ce ſoin eſt uſité en Allemagne, néceſſaire & utile. A la vérité j'ai obtenu qu'on n'emporterait pas le ſel nouvellement cuit, qu'après qu'il aurait ſéjourné trois mois dans le magaſin : cependant il y arrive, par différentes pertes, qui conſiſtent pour la plus grande partie en de l'eau qui s'écoule & se desseche, un déchet de plus de trois cent quintaux par an. Cette eau se rassemble à la vérité dans le magasin, mais elle n'est presque que pure lessive, comme je l'ai reconnu par l'analyse ; c'est pourquoi aussi le sel vieux est toujours le meilleur.

Ainsi ce déchet n'est pas à la vérité de vrai sel de cuisine : cependant il dérange le calcul, & a l'apparence de quelque infidélité.

Ainsi au lieu de faire évaporer le sel dans des panniers coniques sur la vapeur de la chaudière bouillante, comme il se pratique actuellement, il serait plus utile, à mon avis, d'effectuer en une fois ce que la nature fait par un lent écoulement ; c'est-à-dire, qu'on fît passer les tuyaux des fourneaux avec l'air chaud dans une cheminée éloignée, par-dessous une chambre vuide, dans laquelle il est aisé de faire évaporer le sel, de manière que l'eau découle, si l'on veut, dans un bassin placé au-dessous.

CHAPITRE IX.

Des bois.

ON n'a employé jufqu'ici aux falines que du bois de fapin, quoique celui de hètre ne foit pas rare, & qu'on trouve auffi de la tourbe près de Vervay au chemin d'Yvorne, comme je l'ai remarqué moi-mème à la *Roffolis* qui y croît & qui eft la compagne de la tourbe ; j'y en ai auffi vu qui était tirée & féchée.

Pour l'adminiftration de ces bois, la république, depuis qu'elle a retiré en fes mains les falines en 1684, a repris auffi à foi les hautes forèts, de manière cependant que le directeur des bâtimens eft affujetti à prendre le bois néceffaire dans les divifions accoutumées. Elle a acheté auffi beaucoup de forèts, & les poffède en propriété.

Comme le tranfport du bois eft une partie importante de l'entretien des falines, & quelle peut devenir plus confidérable dans la fuite du tems, il m'a paru à propos d'en traiter ici un peu amplement : d'autant plus que j'ai parcouru en plufieurs voyages tout le gouvernement d'Aigle, & me fuis mis au fait de la fituation des montagnes, des bois & des rivières. Ces dernières méritent beaucoup d'attention, parce qu'elles doivent nous amener le bois néceffaire. D'ailleurs, je ne connais point de carte géographique qui repréfente ce pays, feulement avec une exactitude médiocre.

Le gouvernement d'Aigle eft compofé d'une vallée & d'une partie montagneufe. Cette dernière a pour limites au Sud les hautes Alpes, & leur chaîne feptentrionale qui fe termine à St. Maurice, & dont le dernier fommet eft la Dent de Morcle. Aux deux côtés d'une montagne haute & maffive, favoir le grand Meuveran, elle a les derniers glaciers, les occidentaux, appellés les Martinets, & ceux de l'orient, le Plaimevé. Cette chaîne court d'abord au Nord-Eft, mais elle fe termine dans la vallée d'Enzeinda, par laquelle elle eft féparée des Diablerets. Depuis ces Diablerets, la chaîne fe dirige tout-à-fait à l'Eft, & fert de limites entre les Etats du Vallais & ceux de Berne jufqu'à la Fourche.

Il fort des hautes Alpes & de leur chaîne feptentrionale, un peu plus loin que les Diablerets, une montagne d'abord baffe fous le nom de Pillon au Nord, mais qui s'élève bientôt, & s'infère dans une chaîne plus courte & plus baffe, qui fépare le pays d'Ormond, de l'Etivaz & de la vallée des Moffes, & où eft fitué le mont Ifenau. Une autre chaîne vient du canton de Fribourg, près des frontières du gouvernement d'Aigle : elle va de l'Eft à l'Oueft, & fe perd près de la ville de Villeneuve dans le lac , & dans la vallée qui eſt entre cette ville & Roche juſqu'à Yvorne.

La partie montueuſe du gouvernement d'Aigle eſt renfermée entre ces limites Nord & Sud. Celle du ſeptentrion fait le mont d'Arvel, qui court depuis Roche & Villeneuve le long de la vallée de Tinière à l'Eſt, & s'inſere dans une chaîne, par laquelle le Geſſenai eſt fermé au Sud, & qui court entre le Geſſenai & la vallée des Ormonds du Sud au Nord, & tire ſon origine des hautes Alpes près du Chatelet. C'eſt auſſi dans cette chaîne qu'eſt le Rubliberg.

Cette chaîne de montagnes a ſa partie baſſe dans le gouvernement d'Aigle, & s'élève à meſure qu'elle court à l'Eſt du côté de Sanen; mais elle eſt entrecoupée de diverſes vallées, dont chacune produit un ruiſſeau, & dont les courans coulent tous dans le gouvernement & dans le Rhône.

La rivière la plus ſeptentrionale du gouvernement, eſt l'Eau-froide. Elle a pour lit une vallée ſituée entre le mont d'Arvel & la croupe de montagne qui y eſt jointe, & entre une autre chaîne qui commence depuis la plaine près d'Yvorne & Selivé, enſuite à l'Eſt entre le ſuſdit lit de l'Eau-froide & la vallée de Leizin, & ſépare les Moſſes de la vallée dans laquelle coule le Hongrin, & enfin s'inſere dans la chaîne occidentale du Geſſenai.

Cette chaîne a trois pieds qu'on appelle les Tours, à cause de leurs couches posées de niveau, qui les font ressembler à un bâtiment construit de pierre de taille. La plus orientale est la Tour de Famelon; la suivante & la plus haute s'appelle la Tour d'Aï; & la plus occidentale, la Tour de Mayen. La Tour d'Aï est d'un abord si dangereux, qu'elle est regardée comme une épreuve de la hardiesse d'un grimpeur de montagnes.

Cette vallée dans laquelle font situées les montagnes à pâturages d'Ayerne, Fouilloux, les Barmes, le Jorat, la Joux-verte & plusieurs autres, est agréable à l'Est; mais elle se termine à l'Ouest en un défilé où il ne passe que le torrent. L'Eau-froide fort, partie d'un lac sous Neirivaux, & partie, quoiqu'avec moins d'abondance, de la montagne de Préloure, & partie du lac rond sous la montagne d'Arnioulaz. Elle se grossit du torrent des Mâles Pierres, qui fort de la chaîne méridionale, & de quelques autres eaux, & se précipite par des rochers escarpés près de Roche, d'où, après avoir traversé des prés marécageux où elle n'a point de lit fixe, elle se rend dans le lac de Genève près de Villeneuve.

Auprès de ce torrent, qui cependant est le plus petit des quatre qui font dans le gouvernement, font situés des bois de sapin considérables. Au côté du Sud, la grande forêt des Efferts, de six cent foixante & quatorze ouvriers, qui s'étend fous Arnioulaz & Neirivaux jufqu'au lac rond ; & à l'Eft le bois du Traverfin, fitué fous les Efferts, dont il eft féparé par le ruiffeau des Males Pierres, & qui eft de l'étendue de cent foixante-fix ouvriers. C'eft un bois acheté qui eft foigné & tenu en excellent état, tandis que par contre, les Efferts font affujettis à fournir de bois les paroiffiens d'Aigle, à qui il fe diftribue tous les ans à un jour marqué.

Il y a auffi au Nord quelque peu de bois auprès de ce courant. On a creufé au-deffus de la Joux-verte un étang qu'on a garni d'éclufes. On y jette & on y conduit à flot le bois, & on l'y garde jufqu'à la prochaine crue des eaux. Alors on ouvre les éclufes, & on le fait précipiter par le torrent horrible & furieux par les rochers près de Roche, où il eft arrêté à la première plaine par un rateau. On le fend là & on l'emploie pour l'ufage de la faline d'Aigle & de la maifon du directeur à Roche.

On le flotte fcié en pièces rondes, & la quantité en peut aller à deux ou trois cent toifes par an. C'eft au printems en Mai, ou auffi en Septembre qu'on le flotte. Il ferait impoffible d'en faire ufage fans ce courant. Jufqu'ici on n'a abattu que les Efferts, & le bois recroît avec une grande fécondité : enforte que la forêt qu'on abattit vers 1730, fous Arnioulaz & Neirivaux, eft en grande partie rétablie.

Au-delà de cette vallée eſt ſitué un immenſe amas de bois, dont on n'a point encore fait uſage, mais dont on pourrait avoir beſoin dans la ſuite & le conduire à Roche : ſavoir au Nord de la première ſource de l'Eau-froide, où la vallée s'incline au Nord & conduit à Sanen le ruiſſeau des Hongrins, eſt un diſtrict montagneux appellé la Charbonière, dans laquelle outre quelques pâturages à vaches, eſt une extaordinaire proviſion de bois. L'uſufruit en appartient à ceux de Leiſin & d'Aigle ; mais ils ſont obligés de tirer le bois en haut avec beaucoup d'incommodité près de la pierre du Moelles. Au contraire il ferait tout-à-fait aiſé de faire un chemin depuis la vallée des Charbonières, juſques tout près du ruiſſeau qui vient du lac rond, & de conduire le bois par un canal qui le porterait de rechef dans l'Eau-froide. Il y a de l'eau en abondance dans la vallée, & il ferait aiſé d'en raſſembler aſſez pour que le bois pût avancer par un canal. Mais il faut que le chemin ſoit battu par des prés marécageux, ſur le fond de la Joux-ſerniat ſur une hauteur médiocre, qui n'eſt eſcarpée nulle part, & comprend en éloignement près de deux heures & demie. On fait ſi peu uſage du bois en Charbonière, qu'il pourrit en abondance ſur le tronc. Il ſera vraiſemblablement la reſſource de la poſtérité ſi Eſſerts & Traverſis ſont épuiſés. Après ce lit du ruiſſeau, l'Eau-froide ſuit

une

une feconde vallée courte & peu confidérable
en Luan, au-deffus de laquelle font les rochers, dont une partie fe détacha en 1585, &
couvrit de ruines les villages de Corbeyri &
d'Ivorne fur un efpace d'environ trois lieues;
& c'eft fur ces ruines qu'eft à préfent fitué le
bien de la Maifon-blanche, où il croît du vin
d'affez haut prix & eftimé pour la fanté. Il y a
dans cette vallée les bois de Luan & la Joux-
neuve, qui font de peu d'étendue, & Luan
eft de bois gras. Un petit torrent tombe de
cette vallée dans la Grand-Eau. Le haut de
cette vallée confifte en pâturages gras à vaches; en - deffous eft la montagne de Luan
appartenante à Roche; à la vallée qu'on vient
de décrire eft jointe la Joux-verte, feulement
par le dangereux chemin Les-Ruines.

Mais il s'ouvre bientôt une plus grande
vallée qui s'abbaiffe près d'Aigle dans la
plaine. La couche de cette vallée va premiérement le plus à l'Eft; de-là une continuation
plus élevée s'étend de même à l'Eft fous le
nom Les-Moffes, jufqu'aux rochers du mont
Berglands, autrement d'Etivaz.

Mais la principale vallée fe tourne au Sud,
prend le nom d'Ormond-deffus, & fe termine
au pied des hautes Alpes, au Sex-des-champs.

Cette vallée a au Nord la chaîne dont nous

avons déja fait mention, dans laquelle font les trois tours & la pierre de Moelles, & elle eft enfin inférée dans la chaîne qui limite à l'Oueft la vallée de l'Etivaz.

Cette chaîne a au Sud le territoire du village de Leizin, qui eft une vallée fertile & plane malgré fa grande élevation. Au-delà de Leizin eft une courte vallée jufqu'à la pierre de Moelles, & enfin la vallée des Moffes qui eft toute parfemée d'habitations : là commence la branche qui court au Sud, & qui s'appelle Ormond-deffous.

En-delà de la vallée des Moffes font les montagnes dont nous avons déja parlé, qui vont de l'Oueft à l'Eft jufqu'à la chaîne qui defcend des Alpes & au Châtelet. Cette chaîne eft par-tout verte & a à l'Oueft Ormond-deffus ; entr'elle & les hautes Alpes eft le mont Pillon, qui ferme cette même vallée à l'Eft.

Elle a de même pour limite au Midi un dos ou croupe de montagne qui commence près d'Aigle. Il s'éleve peu-à-peu, montre le fommet rocheux de Chamofaire, fait enfuite un angle droit & court au Sud, à Ormond-deffus contre les hautes Alpes, auxquelles il s'infère au-delà du mont Arpille. Le terrein qui eft fitué à la pente de ce dos au Nord, eft d'abord

de forêt ; à ce même endroit eſt la ſource de
Panex, une lieue plus loin la ſource de Chamoſaire, & encore un peu plus loin à l'Eſt eſt
un fond de prairies entremêlées d'un peu de
bled, appartenantes à Ormond-deſſous ; mais
au bout eſt la vallée d'Ormond-deſſus, qui rap-
porte de l'herbe, du chanvre, du lin & de
l'orge.

A préſent toute cette vallée fait le lit de la
Grande-Eau, un des principaux courants qui
ſoit dans le gouvernement. Ce torrent ſort
ſur le mont Pillon ; il s'augmente d'un grand
ruiſſeau qui ſe précipite des glacières ſur
Champ en bas des rocs droits ; il reçoit encore un accroiſſement très-conſidérable d'un
ruiſſeau qui ſort de la vallée des Moſſes dont
le nom eſt Rionſettas, & d'un autre qui ſort
de la montagne près de la Roche de Moelles,
puis au Sud le torrent des Foules qui prend
naiſſance ſous Chamoſaire, & le farouche &
fort croiſſant torrent Tantin ; au Nord eſt la
belle ſource de Fontaney qui ne gèle jamais.
Il court enfin auprès d'Aigle & de ſa Saline,
& ſe décharge dans le Rhône ; il eſt ſi fort
enflé par les pluyes chaudes & la fonte des
neiges, qu'il a menacé pluſieurs fois de renverſer le bourg d'Aigle. Ses eaux ſont ordi-
nairement colorées & troubles, parce qu'il
court ſur-tout ſous Chamoſaire par des ter-

res limoneuſes. Ce torrent eſt propre au flottage, & nous nommerons la plus part des
bois qui ſont ſitués le long de ſon lit naturel.

Les bois à la pente ſeptentrionale de la
montagne ſont près de Leizin; le bois en
Comborcherie, qui eſt un peu éloigné, ſitué
à main droite du chemin de Leizin à Veigx.
C'eſt un bois mûr de Sapin de dix-neuf arpens. Sous lui eſt le bois aux Crêtes de vingt-
quatre arpens. Celui là peut être conduit à la
Grande Eau par un canal de bois, & celui-
ci encore plus commodément comme plus
proche.

Plus près de ce courant & ſur les roches
qui pendent au-deſſus de lui, ſont les bois
le Suchet, le Flot & Vargny. Le Suchet eſt
aſſez clair & fort employé par la Commune de
Leizin: il eſt rempli de rocs & a près de trente-
deux arpens.

A l'Eſt vers Ormond-deſſous & preſque
dans la même couche eſt le bois du Flot, preſque de la même grandeur, pareillement clair,
plein de rocs, & facile à jetter dans le torrent.
Ces bois de Leizin ſont tous en bon état.

Encore à l'Eſt eſt ſitué le bois de Vargny:
il a trente-neuf arpens & trois-quarts, & eſt
commode à flotter dans l'Eau-Froide, mais il

a peu de bois & eſt diſperſé parmi les rochers.

Tout-à-fait en Ormond & au-deſſus du
village du Sepey & de même ſur les rocs,
eſt le bois Sur-Ces & Sous-Ces, jeune bois de
Sapin de cinquante-ſept arpens & demi.

En-delà du ruiſſeau de Rionſettas, & encore
plus à l'Eſt de la Grande-Eau & au-deſſous du
château d'Aigremont, eſt le bois les Vernets, de
vingt-huit ouvriers, qui a été coupé il n'y a
pas long-tems & conduit à Aigle, & eſt pour
cela du bois jeune & clair.

Tous ces bois ſont de hautes forêts retirées, ou Joux réſervées, dont la garde eſt
confiée pour la plupart aux habitans des environs.

Au Sud du ruiſſeau de Rionſettas, ſur la
hauteur qui ferme les Moſſes au Sud, & par
conſéquent fort au-deſſus de la Grande-Eau,
eſt ſitué le bois de Mintont, que la République
a retiré à elle, & qui fait une contrée entière
de deux cent quatre ouvriers; le bois eſt en
petit état, négligemment gardé, & ſur-tout
fort endommagé ſous le prétexte de ſignaux,
& auſſi fort employé à l'avantage de ceux du
Sepey; il eſt un peu éloigné de la Grande-Eau,
& il n'eſt pas ſûr qu'on pût ſe ſervir de la

Rionſettas pour le flotter. Un peu au Sud-Eſt de cette contrée ſort d'un lac le ruiſſeau le Hongrin, qui coule dans le Geſnay & le Canton de Fribourg. La République a de plus à l'Eſt de la Grande-Eau de petits bois, & les Communes en ont à peine pour l'entretien de pluſieurs mille maiſons de bois. Cette dépenſe générale & qui menace dans cette vallée de ruiner la poſtérité, nait de la liberté qu'ont les habitans de diviſer leur pays en autant de pièces qu'il y a d'héritiers. Or comme leur terrein eſt eſtimé de valeur fort inégale, chaque héritier veut avoir de rechef ſa portion ſur chaque partie. Par-là le terrein eſt dépiécé en mille parties, & comme la nature du terrein ne laiſſe croître là que du foin, chaque ménager croit ètre dans la néceſſité d'habiter ſur la piece mème & de ſoigner ſon bétail. Ainſi ils conſtruiſent autant de maiſons qu'il poſſèdent de pièces, & habitent tour-à-tour dans chacune quelques ſemaines. J'ai ouï eſtimer à 22,000 les maiſons de la vallée d'Ormond, qui peut avoir en tout environ quatre lieues de longueur; le côté méridional de cette vallée & dont la pente regarde le Nord, eſt fort garni de bois, partout commode au flottage.

La première forèt auprès du lit de la Grande-Eau, eſt le grand bois de la Chenau, de trois cent ouvriers , peuplé en partie de Sapin & en partie de Hètre, quoique le nom semble promettre du bois de Chène. La partie qui est sur le grand chemin d'Ormond appartient à la République , & celle qui est au-dessous du chemin , à la Bourgeoisie d'Aigle ; le bois est çà & là rudement emporté , mais d'ailleurs il est dès plus commodes & dès plus près pour les bâtimens de la saline d'Aigle ; la partie de Panex vers le torrent Tantin, est un beau bois de Hètre croissant. Plus loin il n'y a point de bois près de l'eau excepté Porcheresse, qui s'étend au Sud sur la hauteur , & qui est un bois de cinquante-cinq ouvriers , qu'on a abbattu en grande partie depuis quelques années.

Mais au-dessous de la Chenau , cependant toujours dans la montagne , dont la pente regarde le Nord, sont plusieurs petits bois, dont les uns sont au Nord & descendent contre le courant , & les autres s'élèvent vers le Sud. Le premier est la Joux-aux-Crètes , bois de Hètre de cinquante-un arpens & demi , mais qu'on a déja depuis plusieurs années épuisé à l'usage des Salines ; c'était un bois acheté.

Au-dessous de Panex est aussi située une petite pièce de quatre ouviers & demi , nommée les Brayes : c'est un bois de Hètre , dont une grande partie a été epuisée.

Au milieu du grand chemin eſt ſitué le petit bois En-Thouex de neuf ouvriers, dont on a pris le bois pour le paſteur d'Ollon & le Miniſtre allemand d'Aigle, deſorte qu'il eſt aſſez faible ; les habitans d'alentour le font pâturer.

Droit au-deſſus du village de Panex, ſur la hauteur qui monte contre Cheſſïeres eſt le bois du Buis, haute forèt de Sapin & de Hètre de quatre-vingt dix-ſept ouvriers, mais où les Payſans de Panex ont droit d'affoyage ; il eſt cependant aſſez ſoigné.

Plus loin à l'Eſt eſt Eſcovet, petit bois de Sapin acheté de trois arpens & demi. Encore plus loin au Sud du grand chemin, eſt la haute forèt la Joux-brûlée, bois de Sapin mèlé de quelque peu de Hètre de cent quarante-neuf ouvriers, partie mûr, partie jeune ; c'eſt là qu'on coupe le bois pour les tuyaux. Tout-à-fait en haut ſur l'arète de la montagne eſt Les-Loes (*), bois de Sapin épais, où l'on a de même pris pluſieurs tuyaux pour la conduite d'eau de Panex. Il eſt acheté & de quarante-trois ouvriers & demi ; la plus grande partie eſt de bois délié. Sous la Joux-brûlée eſt le bois de Dovray de Sapin, qu'on pourrait peut-ètre porter au torrent Tantin.

(*) Ce mot ſignifie ici une hauteur eſcarpée.

Au-deſſus de Panex eſt le Sentreit haute forêt, qu'on appelle auſſi Aigue-Sauſſas, de qua-
rante-un ouvriers & demi de bois de Hêtre ;
une grande partie de ce bois eſt épuiſée.

Au bout de Plambuis & derrière Buiſet en
Eſſert, eſt un bois de Hêtre mûr de ſeize ou-
vriers & demi auprès du torrent Tantin, au
Sud de la Chenau.

Au Sud & à l'Eſt eſt encore le bois de Sapin,
aux-Lechieres & aux-Frachias de cent vingt-
ſept ouvriers, haute forêt aſſez menue.

Le bois Aigues-Blanches eſt ſitué ſous la
Joux-Arſaz après la Porchereſſe, & eſt un bon
bois de Sapin de ſoixante-douze ouvriers &
demi, un peu éloigné de la Grande-Eau.

La Joux-Arſaz eſt un bois de Sapin mêlé de
Hêtre, rocheux, ſur la montagne d'Arnioulaz,
au-deſſus du torrent Tantin ; il eſt comme
tous les bois de cette contrée, repris, & de
vingt-deux ouvriers.

Plus loin à l'Eſt eſt Hauta-Siaz ou Sur-le-
Dard, bois de Sapin, rocheux, de l'étendue
de trente-un ouvriers & demi.

Tous ces bois doivent être ou traînés im-
médiatement dans la Grande-Eau, ou y être

menés par des muldes triangulaires de bois
pas trop long , ou par des rifes sèches , faites
de boids ronds , & ètre flottés jufqu'à Aigle ,
comme il eft arrivé avec Porchereffe.

Ici aux limites de la jurifdiction d'Ollon ,
une contrée paffable appartient en entier aux
habit ns. Mais en Ormond-deffous , là ou la
vallée eft déja tournée au Sud , la pente orientale de la montagne eft prefque toute une
haute forèt appartenante à la République.

Le premier bois eft la Joux de la Forclaz ,
grand diftrict de bois de deux cent cinquante-
fept ouvriers , dont les pièces particulières
s'appellent les Efferts, le Tomeleg, la Joux
de l'Ours, les Gaules , Couffi , les Fontaines , &c. Ils font de jeune bois, partie auffi
de bois moyen , tous de Sapin , comme auffi
tous les fuivans. Ils font pâturés , & la Ré-
pub'ique s'en eft peu fervie ; ils font auffi
éloignés de la Grande-Eau ; on pourrait cependant les y conduire dans le befoin , fi
l'entretien de plufieurs bâtimens ne les ren-
dait pas néceffaires d'une autre manière.

Plus au Sud font les deux Brifons haut bois
de Sapin de cent cinq ouvriers & demi, en
bon état, partie jeune , partie mûr & en partie
épais, auffi paffablement éloigné. De la même
nature eft la Joux-Joraffas en-deffus de l'églife

d'Ormond-deſſus, de cent ſoixante onze ou‑
vriers & demi; ce jeune bois a beaucoup
ſouffert pour la bâtiſſe & réparation de la
Cure d'Ormond-deſſus.

Le bois aux Lanches qui ſuit au Sud, con‑
tient quarante-neuf ouvriers & demi, & eſt
de même nature. A ce bois eſt contigu celui
de Chadiſe, bois de ſapin en fort bon état.
Ici on pourrait déja conduire le bois au Ma‑
raigue, qui eſt un principal bras de la Grande-
Eau; ce bois eſt de quarante-ſix ouvriers.

Celeyres pend de même contre le Marai‑
gue, mais eſt ſitué un peu plus éloigné, vers
le torrent de Culand; c'eſt un bois de ſapin
garni partie de jeunes, parties de plantes
mûres.

En-la-Fraſſe-à-l'Agniez eſt un bois menu de
trente‑trois ouvriers, plus près contre les
Alpes & le Creux-des-champs. Ce bois a été il
y a quelques années épuiſé par les habitans
d'alentour, & eſt encore en petit état.

En-Charbonière eſt ſitué encore plus près
des hautes & rocheuſes Alpes, il eſt de qua‑
tre-vingt ouvriers, mais il eſt menu & a beau‑
coup ſouffert de la neige tombante. Le Creux-
des-champs eſt une plaine qui eſt enfermée en
demi cercle, comme le fond d'un théatre, par

les hautes Alpes & le Sex-des-champs. Elle eſt peuplée de bois de ſapin clairs & chétifs, fort diſperſés ; & c'eſt par cette ſolitude que coule la ſource du Maraigue. Elle a cent vingt-quatre ouvriers d'étendue.

Ce bois eſt ſitué des deux côtés du ruiſſeau du Maraigue, & à ſon côté oriental ſont le peu de bois ſuivans toujours plus à l'Eſt.

Sous-Barmes eſt de quarante - ſix ouvriers, mais fort endommagé par la chute des nei-ges. La Joux-à-l'Ours eſt de rechef plus près du mont Pillon ; il eſt de vingt-ſix ouvriers, & au mont qui s'étend juſqu'au mont Pillon eſt de cent vingt-quatre ouvriers. Tous ces bois ſont de hautes forèts, fort maltraitées par la neige & les habitans d'alentour ; ils pourraient cependant ètre flottés par le Ma-raigue ; mais ils doivent ſervir aux habitans pour des hayes, pour l'affoyage & pour la bâtiſſe ; ce qui eſt cauſe, comme auſſi le peu d'ordre de ces gens, que ces bois ſont en fort chétif état.

Au méridional du dos dont Chamoſaire fait une partie, commence une autre vallée plus étendue & différente, dont les limites orien-tales ſont les mèmes hauteurs, qui vont de Chamoſaire le long d'Ormond-deſſus, juſ-qu'aux hautes Alpes & en Orgevaux, & dont

le mont Arpille est un des plus méridionaux.
Ce qui fait la limite méridionale, c'est la
chaîne qui descend du haut des Alpes au
Sud-Ouest, depuis Orgevaux à l'Ouest, dont
Taveyannas est la montagne à vaches la plus
considérable, & dont le dos ou la croupe s'a-
baisse à Gryon & par les Posses près du Bex-
vieux dans la vallée. Cette vallée est parsemée de plusieurs villages ; il y a dans le haut
de magnifiques pâturages, & dans le bas des
champs & des vignes ; là est le lit de la
Gryonne, courant qui est plus petit que la
Grande-Eau & plus grand que l'Eau-Froide,
qui se déborde enfin dans le Rhône par les
Devins & par les Prés-noyés ; ses bords sont
fort escarpés & d'un abord périlleux. Il nait
d'un petit glacier pas loin de la montagne de
Chetillon, & reçoit un accroissement du torrent de Larsey qui prend son cours de Chezières. Ce torrent à la vérité a été trouvé
par l'expérience, impropre au flottage ; mais
comme le bois est ammené au Bex-vieux par
des muldes secs, & qu'ainsi il peut être mené
plus loin, il est nécessaire de décrire les bois
qui sont sur les deux bords de la Gryonne.

Au côté septentrional & d'abord au-dessus
de la montagne des Fondemens, est une contrée où il se rencontre quelque peu de bois &
de buissons. La largeur est de trente-deux
ouvriers, mais il y a fort peu de bois.

Plus haut auprès du torrent le Larſey qui vient du quartier de Chezières, eſt ſitué le bois Geriton, bois de Sapin menu, qui pend ſur des hauteurs eſcarpées, peu riche & de cinquante-deux ouvriers.

En-deſſus d'Arvaye en la vallée en Couſin eſt une fort grande contrée de cinq cent trente-quatre ouvriers, garnie de bois de Sapin, dans laquelle les habitans d'Ollon ont leur pâturage, & dont auſſi une partie eſt taillée. Tout ce bois a été abbattu en 1740 & conduit au Bex-vieux; auſſi il n'eſt recru que fort médiocrement. En Vaiſeray qui eſt une partie de ce quartier, il y a un peu de vieux bois qui eſt reſté ſur pied. Tout au haut du dos qui fait la parois mitoyenne, entre les montagnes appartenantes à Ollon & Ormond-deſſus, en-delà de la hauteur & pendant ſur le ruiſſeau Culand était le bois en-Arpille, dont le bois appartient à la vérité à l'Abbé de St. Maurice, mais qui a été cependant abbattu pour le ſervice du Bex-vieux, tiré juſques ſur le dos ſur un lit de planches par une roué, & de plus flotté en bas ſur une riſe.

Le côté gauche ou méridional de la Gryonne a plus de bois.

Le premier eſt le Genet de cent quatre ouvriers près de la montagne des Fondemens.

Plus loin & au-deſſus d'Arvaye, il y a nombre
de bois qui occupent enſemble un eſpace de
cinq cent onze ouvriers, que la Maiſon de
St. Maurice a regardez comme ſon propre,
mais que les habitans de Gryon prennent
en prétention.

Ces bois ont auſſi été abbattus en plus
grande partie l'an 1740, & flottés au Bex-
vieux ; mais ils recroiſſent avec force, ſur-tout
dans les endroits ſecs. Ils ſont tous des hautes forêts de Sapin.

Sur Arvaye eſt le bois desRuines de ſoixante-
huit ouvriers, & les Pentes de quarante-
quatre, beau bois de Sapin à la pente de la
Gryonne, qui recroit avec force.

Luiſſelet eſt le nom d'un jeune bois de Sapin, plus avant vers la ſource du courant, de
ſoixante-cinq ouvriers. Au-deſſus de ce même
bois, eſt le bois le Bottenittes de dix ouvriers
& demi, ſemé de jeunes Sapins.

Meutenet eſt une grande montagne à vaches, où paiſſent cent ſoixante jeunes bœufs ;
il a auſſi du bois de Sapin qui recroit : il contient cent quarante-huit ouvriers.

Au-deſſus de ce lieu ſont les bois le Velard
de cent trois ouvriers, dont la partie ſupé-

rieure est restée sur pied , & l'inférieure recroît & s'appelle Sous-le-Plinard.

Les-Empuis est de même sur la hauteur, où
il y a encore environ un tiers de bois mûr, qui
est resté sur pied & le reste est en recrue : il
fait soixante-un ouvriers & demi.

Ces bois vont jusqu'à la montagne à vaches
Taveyannaz , près de laquelle sont des rocs
d'un gris - brunâtre , dont la durée en fourneaux est presque éternelle.

Ces bois ont été ci-devant & encore en
1763 promis par la Maison de St. Maurice
à la République pour l'usage & pour l'abbatis.
Mais comme les habitans des environs se
plaignent , qu'ils sont par la forte crue du
bois de sapin, exclus de la jouissance du pâturage , comme aussi une partie du terrein est
marécageux & promet peu de bon bois ; j'ai
conseillé dans divers avis depuis 1759 , d'accorder à ceux de Gryon pour pâturage, le
Moutenet, & la partie inférieure du Planard
& de Puisselet , & de laisser recroître en bois
de Sapin les autres bois , comme les Pentes &
les Ruynes , le bois de Bottenittes, la partie
supérieure du Planard, du Velard, & Les-Empuis , comme étant ceux d'où la saline devra
se pourvoir de bois , dès que la vallée de Frenières sera épuisée. Le bois sera encore conduit

duit au Bex-vieux fur une rife , comme il eſt
arrivé en 1740.

La plus conſidérable contrée de bois qui
reſte encore , eſt auprès du torrent de l'A-
vançon , dont le bois peut être flotté immé-
diatement au Bex-vieux , parce que la ſaline
eſt ſituée auprès de cette rivière.

L'Avançon a en - delà de Frenières deux
bras, & fort de deux vallées. L'Avançon de
la Vare eſt le plus méridional ; il commence
dans les hautes Alpes au Sud de la Vare & Ri-
chard , raſſemble l'eau qui naît de ces mêmes
Alpes , & du glacier ſec le Planevé & du Sex
d'Argentine , montagne de rocs qui fort des
hautes Alpes entre la Vare & Enzeindaz.

Il croît conſidérablement par une eau qui
fort des montagnes Nant , Chaude , Chapuiſe
& du Glacier les Martinets , tombe par les
bois auprès du village Les Plans , & ſe réunit fous Frenières avec le courant oriental ;
le lit de ce courant eſt formé par la haute
chaîne des Alpes , juſqu'à Enzeindaz au Sud ,
& au Nord du Sex d'Argentine & des hauteurs, en deſcendant Bovonnaz , &c. Le principal rameau de l'Avançon a pour lit au Sud
d'abord les hautes Alpes , un peu plus à l'Eſt
que la ſource, (l'iſſue de la branche méridionale) ; puis le Sex d'Argentines & le mont de

Bovonnaz, sous les hauteurs duquel il se réunit avec le bras méridional.

Au Nord sont premiérement & tout en haut les quatre Diablerets, qui sont quatre montagnes de rocs, qui sont séparées par le mont Enzeindaz de la chaîne des Alpes qui vient jusqu'ici, & qui recommencent la chaîne septentrionale des plus hautes Alpes. Le plus méridional de ces Diablerets est le prétendu Volcan de la carte de Delisle. Ce qui a donné lieu à cette expression inexacte, c'est le renversement de la montagne, dont une partie considérable tomba en 1714, sur la montagne à vàches Cheville, appartenante au Vallay & la couvrit, de même que quelques bâtimens & quelques hommes. Ce Diableret a aussi cela de particulier, que j'ai observé moi-même deux fois sur la place, c'est qu'il laisse continuellement pendant tout le jour tomber des pierres dans la vallée, dont on entend le bruit sourd ; ce qui peut avoir donné occasion au nom superstitieux qu'il porte. La poussière qui monte peut avoir été regardée pour de la fumée. La raison de cette chute fréquente est la position peu sûre des rochers d'en haut, qui reposent sur un mauvais fond fort sujet à chute, & sur-tout à la rupture du gel, & de plus leur position qui s'abbaisse contre le Vallay.

Du Diableret méridional les hautes Alpes s'avancent à Orgevaux, de plus à Sex-des-champs, & contre Sanen, & une hauteur s'a-baisse entre la montagne Taveyannaz & le bras septentrional de la Gryonne, contre la vallée où est situé le village de Gryon, & at-teint la plaine près du Bex-vieux & aussi aux Devins. Cette hauteur a au Nord la Gryonne, & au Sud l'Avançon.

Le courant de l'Avançon réuni près de Fre-nières, est augmenté par les courants Tor-rent, Genin & Ivoëtaz, qui coulent des hau-tes vallées Ovannaz & Javernaz, & coule au pied du bois de Sionnaire au Bex-vieux, & se jette par Bex dans le Rhône. Il est commode pour le flottage, & a une eau salubre, dont on est obligé de se servir à Bex pour unique boif-fon, & possède la propriété rare de ne point causer d'innondations, vraisemblablement parce qu'il coule par des contrées pierreufes, & qu'il n'est bouché par aucune terre diffoute. Mais en l'an 1764, il a été trois fois assez dan-gereufement en fureur.

Près de Bex-vieux on a préparé un étang au côté septentrional, dans lequel l'eau & avec elle le bois peuvent être laissez, après qu'on en a fermé le lit accoutumé avec quelques éclufes.

Au confluant du courant de l'Avançon, est située au Nord la Joux des Ruines, petit bois de douze arpens, au-dessus des biens appartenans à la Saline.

Plus loin du côté septentrional, la République n'a point de bois en propre.

Au côté méridional du courant, la première forêt est la Joux du mont, bois mêlé de Sapins, de Hêtre & de Melèse, mûr, clair & en partie fort détruit pour l'herbe, de vingt à vingt-trois ouvriers; il est acheté.

La Sionnaire, dont une partie appartient au village de Bex, est un beau bois de Hêtre de vingt ouvriers, mûr, bien garni & soigné.

Veneresse est un peu plus haut contre la montagne, & est un petit bois de trois ouvriers, acheté & soigné. On l'appelle aussi autrement Chenevières.

Après que le courant s'est partagé, est situé près du bras méridional & aussi au Sud de ce bras, un peu sur la hauteur entre Collatel & Javernaz, la Joux des Rayes, bois mêlé de Sapin & de Hêtre assez bien garni, de vingt-neuf ouvriers. On peut porter le bois de cette haute forêt à l'Avançon par le Torrent-Genin & une rise.

Plus loin & à l'Eſt , auprès du chemin qui conduit aux Plans , eſt la Joux de Raſſiaux , haut bois de quinze arpens , mêlé de Sapin & de Hètre. qui a été aſſez éclairci pour le ſervice de la Saline.

Au-deſſus de Raſſiaux au Sud ſur la hauteur , eſt le haut bois de Combanivaz, de cent trente ouvriers, qui a été aſſez affaibli par le ſervice des Salines, qui eſt de bois mûr. Encore plus haut vers Ovannaz , eſt le Frachiaz, bois acheté, de vingt-huit ouvriers de Sapin & de Hètre , mais qui a été aſſez épuiſé par les bàtimens.

De rechef plus haut eſt le bois de Forclaz, de Sapin & de Hètre , bois acheté, de ſeize ouvriers, qui a auſſi ſouffert & eſt à préſent épargné.

Au - deſſus de Javernaz & plus à l'Oueſt eſt le bois En-Rochai, qui a été retiré en 1761 entre les mains des Seigneurs du pays. Ce ſont de petits bois parſemés de pâturages & de rochers, dont la quantité propre en bois ſerait difficile à déterminer, ſitué ſur la hauteur, & éclairci pour le ſervice de la montagne de Javernaz.

En-Pallu eſt une haute forèt, ſituée au haut de Javernaz contre l'Eſt & vis-à-vis d'Ovanñaz ; elle eſt eſtimée de vingt-huit ouvriers, & ſa partie ſupérieure s'appelle les Vires ; ce bois eſt reſté ſur pied , mais le réſte a été ab- battu il y a quarante ans pour le ſervice de la Saline , & recroît à préſent paſſablement.

En-Cornillaz eſt une partie du bois En- Pallu , de douze ouvriers & demi , de même nature. En-la-ſauge eſt auſſi ſituée entre Javer- naz & Ovannaz ; c'eſt une haute forèt de Sa- pin , de vingt-cinq ouvriers.

Au-deſſous des hauts rochers à l'Eſt , eſt la haute forèt appellée les Crenets , mais elle eſt en partie aſſez affaiblie & en partie encore en bon état , de bois de Sapin mûr , & comme généralement tous les bois ſur la hauteur , maigre & clair , de quatre-vingt dix-huit ou- vriers. Près de l'Avançon & ſur ſa côte méri- dionale eſt le grand bois acheté le Plannard , dont la plus grande partie eſt de Sapin & auſſi un peu de petit bois : il eſt de ſoixante-treize ouvriers & demi , & eſt employé fort com- modément au flottage.

Plus haut que le Plannard eſt une pièce achetée , qui s'appelle Uſchiaux , & eſt un bois de Sapin bien entretenu, de quinze ouvriers.

Une autre pièce vis-à-vis les Plans eſt com- munément comptée pour Uſchiaux , & eſt un jeune bois de Sapin , de dix-fept ouvriers & trois-quarts.

Plus loin au haut de la rivière & à l'Eft, eft le bois En-Egrefenaux ou Sauffeulaz, de vingt-trois ouvriers ; c'eft un bois de Sapin en crue, qui croît dans les rochers le long de l'A-vançon.

Delà s'avance fur la hauteur la Ripaz, haute forêt de quatre-vingt ouvriers , qui a été exploitée il y a quarante ans , & recroît avec du Sapin. Elle s'appelle auffi Sauffeulaz. La côte & le dos de la montagne , après la vallée de Cha-puife s'appelle à préfent Senglioz,& eft un bois de fapin clair, en recrue, difperfé aux pieds des rocs, de cent ouvriers.

En - Pondenan eft une montagne à vâ-ches, où le ruiffeau qui vient des glaciers conflue avec le bras qui vient de la montagne de la Vare ; il y a un peu de petit bois qui eft difperfé.

En-delà de Pondenan au Sud-Oueft, croif-fent aux pieds des rochers quelques Sapins clair - femés , qu'on appelle En-Larze ; c'eft une haute forêt d'environ dix - fept ouvriers. Le bois eft auffi pareillement difperfé par la vallée de Chapuife.

H iv

Toutes ces hautes forêts que le Seigneur du pays a retirées en ses mains l'an 1684, sont pâturées par le bétail & employées à la nécessité des montagnes à vâches & à la construction des ponts, ont aussi à cause de cela beaucoup moins de bois que leur grandeur ne promet. Aussi le bois qui croit dans le Désert est il pour la plupart faible, maigre & demi mort. A la rive gauche ou septentrionale de l'Avançon méridional il n'y a que peu de bois. Le plus inférieur est un jeune bois de Hêtre de trente ouvriers, qui s'appelle les Crosses.

Le Haut-rocher au-dessus des plans; le Grand-Sex est garni d'un haut bois de quatre-vingt seize ouvriers, qui a été abbattu & qui recroit, & est commode à flotter.

A l'Orient & aussi plus sur la hauteur, est la Joux de Bertet d'environ cinquante ouvriers, haute forêt claire & mûre, assez éloignée & moins commode à flotter.

Au Sud delà était la Joux sur Barmes & sous Barmes, haute forêt de quarante-deux ouvriers, mais qui en l'an 1757 a beaucoup souffert du vent: la plus grande partie a été conduite au Bex-vieux, & par conséquent commence seulement à recroître.

Plus en haut sont les montagnes à vâches,

Nombrieux, Richard-fur-champ, & la Vare, où il n'y a point de bois, du moins appartenans à la République.

Le bras feptentrional de l'Avançon, a à fon côté méridional & fur la pente, qui s'avance depuis Bovonnaz & Sex-d'Argentine, les hautes forêts fuivantes. La haute forêt, la Joux de Chepy, de cinquante-un ouvriers ; fon bois confifte en Hètre & quelque peu de Sapin, & peut être flotté commodément. Elle eft généralement en bon état, mais il a fallu qu'en 1758 elle ait livré quelques cent Sapins au fecours des incendiés aux Poffes.

Plus loin & auffi au Nord, eft le bois Pont-de-Fy, haute forêt de quarante-deux ouvriers, partie de Sapin, & partie d'Aune & d'autre petit bois.

Encore plus en haut eft En-Randoniere, haute forêt mûre de Sapin, de foixante-fept ouvriers. Entre le Sex - d'Argentine & la pente des Vans, qui s'abbaiffe du Diableret feptentrional à la plaine, eft fituée une grande contrée mêlée de pâturages à vâches & de bois, qui s'appelle En-Sollalez, & dont je ne connais pas le nombre d'ouvriers, mais elle eft de quelques cent. Les chûtes de montagne, fur-tout depuis le Sex - d'Argentine ont beaucoup endommagé ces bois, & l'incendie des Posses les a aussi attaqués ; ils peuvent être flottés commodément.

Depuis ce bois, va contre le mont Enzeindaz la contrée En-Matelon, qui est garnie de bois ; mais comme il arrive dans toutes les contrées fort élevées, la plus grande partie du bois est petit, malade, & ne recroît pas volontiers.

Ces bois situés au bord de l'Avançon', du moins vers le bras méridional, ont été abbattus. On se promettait beaucoup de la quantité d'ouvriers ; mais il est plus que certain qu'il croît peu de bois sur de grandes campagnes, & que le nombre des toises ne répond pas à l'espérance. Cependant la dépense a fort diminué ; & si l'on flotte au Bex-vieux 13,000 toises comme je l'ai ouï estimer, on a pourtant une provision de vingt-six ans, pendant lesquels les bois de la Gryonne peuvent se reparer & redevenir pour la plupart mûrs ; mais si la dépense surpassait annuellement les cinq cent toises, ou que la vallée de Frenières livrât moins de bois, il faudrait ordonner qu'on l'amenât de plus loin.

Il y a à la vérité sur la pente occidentale de la chaîne des hautes Alpes, dans la contrée

de Morcle , quelques bois qu'on peut abbattre & jetter avec peu de peine dans le
Rhône. Je n'ai pas parcourru moi-même ces
bois, qui font fitués fur des précipices trop
dangereux , vû fur-tout que le chemin de
Morcle n'eft praticable qu'à pied , & eft impoffible à un homme de mon âge & de ma
pefanteur. Il fe trouve à cette pente le bois de
Sapin les Ruinaux, de trente-quatre ouvriers
& trois-quarts , tout près du village. Puis la
contrée entre les deux eaux , les Torrens fecs
& la Gouffonnaz-roffaz , & en-delà de la dernière au Nord , laquelle eft de bois de Sapin clair , entre les rochers : elle appartient
fans contefte depuis 1761 à la République ;
elle s'étend en tout à trois cent vingt ouvriers ; mais la fomme de bois qu'on peut en
retirer ne fera jamais que très-petite.

Il eft donc tout-à-fait à confeiller d'aller fo-
brement avec le bois , de ne pas le prodiguer,
même en bâtimens peu utiles , ni de le laiffer
aller abbattre par le manque de défenfe , & de
foutenir les droits du Prince fur les hautes forêts , quand même elles ont des propriétaires;
enforte qu'elles croiffent à l'avenir en bon
ordre pour le fervice de la République , qui
en ferait en tout cas une compenfation en ar-
gent ; & que la poftérité de cet Etat à jamais
floriffant à ce que nous efpérons , puiffe trou-

ver prêt pour la conſervation de ce précieux joyau, le bois néceſſaire pour le feu, les bâtimens & les tuyaux, & jouir de la prévoyance de leurs prédéceſſeurs.

TABLE
DES CHAPITRES.

APPROBATION.

J'ai vu pour l'impreſſion *la Deſcription courte & abrégée des Salines du Gouvernement d'Aigle*, de Mr. de Haller, traduite de l'allemand par feu Mr. de Leuze. Yverdon, ce 10 Avril 1776.

PILLICHODY, *Aſſeſſeur Baillival, Cenſeur.*